KB001004

물리학자는
두뇌를 믿지 않는다

Into the Impossible

© 2021 Brian Keating
Original English language edition published
by Scribe Media 507 Calles St Suite #107, Austin, TX, 78702, USA.
All rights reserved.
Korean edition © 2024 Dasan Books
The Korean translation rights arranged via Licensor's Agent
: DropCap Inc. and LENA Agency, Seoul, Korea.

이 책의 한국어판 저작권은 레나 에이전시를 통한 저작권자와 독점계약으로
다산북스가 소유합니다. 신저작권법에 의하여 한국 내에서 보호를 받는
저작물이므로 무단전재 및 복제를 금합니다.

물리학자는
두뇌를 믿지 않는다

INTO THE IMPOSSIBLE

운, 재능, 그리고
한 가지 더 필요한
삶의 태도에 관한 이야기

브라이언 키팅 지음
이한음 옮김

다산
초당

차례

일러두기

· 국립국어원 외래어표기법에 따라 외국 인명과 외래어 등을 표기했습니다. 다만 더 널리 쓰이는 표현의 경우 이를 따랐습니다.

· 도서의 내용을 보다 풍성하게 하고 완성도를 높이기 위하여, 저자와의 협의에 따라 편집 과정에서 기존 형식의 일부를 변경하고 책의 바탕이 된 팟캐스트 「불가능 속으로Into the Impossible」에서 내용을 보충하였습니다.

· 옮긴이 주는 대괄호(〔〕) 속에 달고 '—옮긴이'라고 밝혀두었습니다.

사람을 헤아리는 물리학자

2017년 노벨물리학상 수상자 배리 배리시Barry Barish는 스톡홀름에서 시상대에 오른 순간 과연 자신이 이 상을 받을 자격이 있는지 의구심이 들었다고 한다. 나는 그 말을 듣고 등줄기에 전율이 일었다. 내가 한 과학자로서, 한 아버지로서, 한 인간으로서 살아가는 데 아주 큰 영향을 미친 인물이 나와 똑같이 평범한 사람이라는 사실이 도저히 믿기지가 않았다.

나는 열두 살 무렵부터 밤하늘을 들여다보기 좋아해서 결국 우주론을 연구하는 물리학자(우주론자)가 되었다. 하지만 교수가 된 지 17년이 지난 지금도 실은 학생을 가르칠 때마다 내 머릿속 한구석에 도사리고 있는 의문이 고개를 든다. 내가 과연 누군가를 가르칠 만한 사람일까? 내게 수학은 늘 어렵고, 물리학 이론도 자연스럽게 터득한 적이 한 번도 없다. 내가 이 분야를 택한 것은 남달리 머리가 좋은 까닭이 아니라 열정과 호기심 때문이었다. 사회는 천재를 존경하는데, 나는 천재가 아니었다. 다른 사람에게 주어져야 할 자리를 내가 어쩌다가 운이 좋아 사기꾼처럼 차지한 게 아닐까. 몇 년 전에야 오랫동안 시달렸던 그 생각이 가면증후군imposter syndrome이라 불리는 흔한 현상이라는 것을 알았다. 그럼에도 불구하고 나는 내 불안에는 좀 더 근거가 있을지도 모른다는 믿음을 내려놓지 못했다.

그런데 배리시 박사도 그렇다는 것은, 심지어 물리학 분야뿐 아니라 사회 전체에서 가장 큰 영예로 여기는 노벨상을 받은 뒤에도 그랬다는 사실은 내게 설명하기 어려운 위안이 되었다. 내가 이 책을 쓰기로 마음먹은 것도 바로 그때였다. 모든 사람이 과학적 천재성에 주목하느라

보지 못했던 노벨물리학상 수상자의 또 다른 분투에 대해 말하고 싶었다. 그들 역시 불확실성과 불안, 자기 의심 속에서 어려운 판단을 내리고 실패하면 다른 각도를 찾고 경쟁자와도 협력하는 과정을 통해 그들의 과학적 영감을 꽃피웠다. 이런 경험을 나눈다면 마찬가지로 자기 일에서 불안과 의심에 시달리는 수많은 사람에게 신선한 자극과 용기를 줄 수 있을 것 같았다. 그들이 장애물을 넘어서려고 쓴 도구와 전술을 우리 삶을 개선하는 데 활용할 수 있는 것은 물론이다.

이 모든 것은 어떻게 시작되었는가

내가 이 책을 썼다는 사실에 놀랄 사람도 있을 것이다. 왜냐하면 나는 노벨상을 탈 뻔한 것으로 알려진 사람이기 때문이다. 몇 년 전 내가 고안했던 핵심 발상을 바탕으로 추진한 연구 사업이 큰 주목을 받았고, 관련자들은 노벨상을 받을 것이 유력시되었다. 하지만 여기서 설명하기에 너무 복잡하고 다양한 이유로 그런 일은 일어나지 않았고, 그 과정에서 나는 노벨상의 모순과 노벨상이 과학계에 야기하는 문제를 마주하게 됐다. 그런 내 경험담은 『노벨상을 놓치다Losing the Nobel Prize』라는 한 권의 책이 되었다.

감사하게도 이 책은 많은 독자에게 사랑받았지만, 이를 두고 빈정거리는 이도 있었다. 그들의 비난은 대부분 내가 노벨상을 받았다면 두 팔 벌려 환영했을 것이면서 수상하지 못하니 그런 책까지 썼다는 요지를 담고 있다. 그러니까 여우의 신 포도라는 이야기다. 어느 정도는 맞는 말이다. 하지만 나는 노벨상의 체제와 영향력에 대해 고민하게 된 것이지 그 성취를 이룬 사람들에 냉소를 보낸 것이 아니었다. 그들은 변함없이 내 호기심과 존경의 대상이었다. 모든 이가 천재인 세계에서 더 나아가 세상을 바꾸는 발견을 해내고 그 중요성을 인정받아 월계관을 쓴 그들의 이야기를 가능한 한 더 자세히 알고 싶었다.

그러다가 2020년 2월 내 친구 프리먼 다이슨Freeman Dyson이 세상을 떠났다. 다이슨은 진정으로 노벨상을 받아 마땅한데도 받지 못한 전형적인 사례였다. 20세기 중반부터 세계적인 과학자였던 프리먼은 물질과 에너지의 토대를 이해하는 데 아무리 강조해도 지나치지 않을 만큼 엄청나게 기여했고 수없이 후보로 언급되었지만 결국 노벨상을 받지는 못했다. 그러거나 말거나 부인할 수 없는 업적을 무수하게 남긴 프리먼은 겨울이면 날씨 좋은 라호이아를 방문하곤 했다. 그를 맞이하고 대접하는 것이 내게는 크나큰 영광이었다.

프리먼의 별세 소식에 나는 꿈꾸던 일을 미적거려서는 안 되겠다는 다급한 심경에 사로잡혔다. 그러고 보니 수많은 노벨물리학상 수상자가 이미 나이가 지긋했다. 사회와 문화에 지대한 영향을 미친 명석한 인물과 이야기를 나눌 기회가 손가락 사이로 빠져나가고 있다는 생각이 떠나지 않았고, 그때마다 위가 쓰렸다.

다행히 나는 당시 아서클라크인류상상센터Arthur C. Clarke Center for Human Imagination의 공동 소장으로서 일련의 초청 강연회를 열어서 저마다 다른 삶의 궤적을 걸어온 많은 작가, 사상가, 발명가를 만날 수 있었다. 2020년부터는 적극적으로 노벨물리학상 수상자를 연사로 초청하기 시작했다. 나는 강연을 진행하는 것으로 만족하지 않고 그들을 직접 인터뷰해 그들의 지식, 철학, 투쟁, 전술, 습관을 요약하고 추출하고자 했다. 그것이 팟캐스트 「불가능 속으로Into the Impossible」가 되었다. 1년 뒤 나는 지구에서 가장 저명한 인물들을 인터뷰한 내용을 엮은 이 놀라운 원고를 얻었다.

많은 이가 초청에 응했지만 안타깝게도 노벨상을 받은 여성 물리학자는, 현재 두 명이 생존해 있는데(2021년 시점의 이야기로 2023년 안 륄리에Anne L'Huillier가 여성으로서는 역대 다섯 번째로 노벨물리학상 수상자가 되었다—옮긴이), 두 분 다 거절했다. 이 책에 여성의 목소리가 담기지 못했다는 사실이 무척이나 아쉽지만 시도하지 않은 것이 아니라 상황이 여의찮았을 따름이다.

과학이 아니라 지혜와 통찰로 본 물리학자

✂️

아홉 명의 노벨물리학상 수상자를 인터뷰하며 나는 한 가지 목표를 두었다. 바로 물리학책을 쓰지 말자는 것이었다. 실제로 이 책에 어려운 물리학은 전혀 없다. 적어도 그것이 핵심은 아니다. 방정식도 연습문제도 전혀 없다. 노벨상을 열망하는 사람이나 수학자나 나처럼 어떤 과학에 이미 푹 빠진 괴짜나 공붓벌레를 겨냥한 책이 아니다. 이 책은 과학자가 아닌 이를 염두에 두고 썼다. 일상생활의 수많은 과제에 임하다 보니 인류가 배우고 기여할 수 있는 가장 원대한 주제에까지는 신경 쓰기 쉽지 않은 그런 이에게 보내는 책이다.

이 책에는 회복력, 인내심, 용기의 사례를 비롯하여 세계 최고의 물리학자들이 다년간에 걸쳐 쌓은 지혜를 우리 자신에게 적용할 수 있도록 덩어리로 농축한 지성이 담겨 있다. 여러분은 자기 삶에서 가장 성가신 문제를 해체하는 법, 자기 삶이나 직업의 제각기 다른 측면 사이를 잇는 공통의 실오라기를 찾아내어 그것들을 하나로 엮는 법, 협력자와 함께 일하는 과정에서 이따금 겪는 갈등의 의미를 이해하는 법을 배울 것이다. 그리고 자기 자신의 과거 업적에 흡족해하는 것만이 아니라 자기 분야의 다음 세대를 가르침으로써 미래에 투자하는 일의 중요성 또한 알게 될 것이다. 또한 인내의 미덕도, 과학과 예술 사이에 존재하는 아주 많은 공통점도, 찬사와 주목을 받고자 어떤 일을 하는 것이 아니라 그 일 자체를 위해 매진하는 것의 가치도 배울 것이다. 그뿐만이 아니다. 새로운 문제를 새로운 시선으로 바라볼 때 열리는 의외의 틈새로 새어 들어오는 호기심, 아름다움, 우연이 삶에 어떤 기쁨을 안겨줄 수 있는지도 가슴 시리게 깨달을 것이다.

물리학자처럼 문제 해결하기

✕

그런데 왜 하필이면 물리학자에게서 이런 지혜를 배우는 것일까?

첫째, 물리학자가 언제나 마주하는 상황이 삶의 조건과 무척 비슷하기 때문이다. 물리학자는 제아무리 똑똑한 사람이라도 항상 불확실성 속에 살며 자신이 모른다는 무력감을 견뎌야 한다. 더 알게 될수록 모르는 것이 많아지는 기가 막힌 상황에 처하기 때문이다. 바로 그런 이유로 물리학자는 아무리 척박한 환경에서라도 갖은 도구를 동원하고 머리를 짜내 문제를 풀도록 훈련된다. 마치 지식 세계의 특수부대와도 같다. 또한 물리학자는 편견을 최소화하도록 훈련받은, 물리적 현실의 유능한 관찰자이기도 하다. 그들은 목표를 추구하고자 온갖 방법과 이론을 섭렵한다. 수학, 논리학, 예술, 심지어 신비주의까지 포함하여 다양한 분야의 도구를 끌어모은다. 그들의 궁극적 목표는 우주와 그 안에서의 우리 위치를 이해하는 것이다. 이것은 물리학자 개개인의 목표인 동시에 인류의 목표이기도 하다. 그들이 문제에 접근하는 데 쓰는 과학적 방법론은 우리 주변의 물리적 세계를 분석하는 가장 강력한 도구다.

둘째, 이 책에 실린 아홉 명처럼 성공한 물리학자는 모두 탁월한 사회적 기술도 지녔다. 그들은 모두 소통하는 법을 배워야 했는데, 때로는 시행착오를 거치기도 했다. 경험 앞에서 겸손했던 그들은 조용히 들어야 할 순간과 나서서 의견을 말해야 할 순간을 확실히 구분한다. 이런 사회적 기술이 근래의 과학계에서는 특히 중요하다. 내가 인터뷰한 분들은 모두 뛰어난 학자이지만 홀로 연구한 사람은 아무도 없다. 과학자는 연구진을 꾸려서 일한다. 그리고 연구진은 해가 지날수록 더 커져만 간다. 여러 대륙에 걸친 다수의 연구자가 수십 년에 걸쳐 한 연구를 계속하기도 한다. 하지만 노벨상은 발견을 해낸 연구진 전체가 아니라 그중 세 명에게만 주어진다. 나는 바로 이 점이 큰 문제라고 노벨위원회와 노벨상 선정 과정에 비판의 칼날을 들이댔다. 그렇기에 이 책에서는 '연구진'이라는 단어가 지겹도록 반복될 것이다. 물론 의도적으로 덧붙인 것이다. 내 인터뷰 대상자들은 그처럼 서로 이권이 충돌하는 수많은 연구자 사이에서 어떻게든 협력을 끌어내고 세상을 바꿀 발견을 일구는 극히 어려운 과제를 달성한 뛰어난 관리자다. 내가 학생들에게 물리학자가 되는 데 필요한 가장 중요한 능력이 무엇인지 물으면, 학생들은 대개 수학 능력이나 실험 기술이라고 말한다. 둘 다 틀렸다. 의사소통 능력과 정서 지능이야말로 이 분야의 가장 위대한 인물이 지닌 가장 중요한 두 가지 도구다. 그저 연관된 것인지 인과적인 것인지 알 수 없으나 이 책에 등장한 수상자들은 모두 물리학 또한 인간이 하는 일임을 헤아리는 사람이었다.

세계에서 가장 명석한 이들의 습관과 전술

✂

이 책에 실린 물리학자들은 연구뿐만이 아니라 오히려 삶 자체를 들여다볼 때 더욱 배울 것이 있는 특별한 이들이다. 그들의 삶이 주는 교훈을 보존하고 공유하지 않는다면 연구자이자 교육자로서 내 지적 의무를 게을리하는 것이다.

인터뷰 전체를 아우르는 주제 중 하나는 교육과 학습의 연관성이다. 러시아어로 '과학자'라는 단어는 '가르침을 받은 사람'이라는 뜻으로 번역한다. 이 단어는 엄청난 의무를 함축하고 있다. 가르침을 받는 일에는 가르칠 의무가 뒤따르는 것이다. 그 말을 뒤집어 보면 좋은 교사가 되려면 먼저 좋은 학생이 되어야 한다는 뜻이 담겨 있다.

효과적으로 가르치려면 사람들이 어떻게 배우는지를 공부해야 한다. 그리고 제대로 배우려면 공부해야 할 뿐 아니라 가르치기도 해야 한다. 그 점에 비추어 볼 때, 내가 이 책을 쓴 데는 이기적인 동기도 하나 있다. 수상자에게서 배운 것을 나눔으로써 더욱 깊이 내 것으로 만들려는 것이다. 하지만 궁극적으로 이 책은 내가 교육자로서 져야 할 의무를 실현하는 일의 연장선에 있다.

나는 언제나 학습과 교육에 호기심이 있었다. 짧은 삶 속에서 될 수 있으면 그 호기심을 채워보고자 한다. 내게는 있는 힘껏 지혜를 끌어모으고, 또 나누고 싶은 욕구가 가득하다. 교수는 이런 욕구를 실현하기에 딱 좋은 자리다. 교육자로서 교수는 학습 과정을 가능한 한 효율적으로 압축함으로써 독학할 때 겪을 만한 시행착오를 줄여주어야 한다. 일종의 가지치기 역할이다. 그러다 보면 쳐낼 수 없는 것, 꼭 붙들고 씨름해야 하는 것이 보인다. 여러분이 이 책을 읽으며 자기 삶에서 꼭 붙들어야 할 질문을 발견할 수 있기를 바란다.

세속적인 일과 숭고한 일 사이에 균형을 잡고자 애쓰

는 모든 이를 위해 이 책을 썼다. 온갖 일상의 뒤치다꺼리를 하는 한편으로 직업이나 삶에서 더 큰 무엇인가를 이루고자 열망하는 모든 이들을 위해서 말이다. 나는 세계에서 가장 뛰어난 이들의 지혜를 여러분에게 전달하고 싶다. 또 그들이 우리와 똑같은 사람임을 알리고자 그들의 정신적 습관과 전술을 해체하려고 한다. 그들은 해야 할 갖가지 일을 조화롭게 운영하고 또 되도록 완벽하게 해내려고 치열하게 노력하며, 그 끝에서 큰 업적을 이룩하기 꿈꾼다. 마치 우리가 그러듯 말이다.

세계에서 가장 명석한 이들의 습관과 전술을 살펴보면, 우리 자신의 삶에 적용할 수 있는 공통점을 발견할 수 있다. 그들이 다루는 대상이 블랙홀과 쿼크 사이의 거리만큼 우리의 일상생활과 동떨어진 것이라고 해도 그렇다. 솔직히 말하자면 나 역시 물리학자이긴 하지만 이 책에 나오는 물리학자들이 하는 연구는 여러분이 하는 일뿐 아니라 내가 매일같이 하는 연구와도 거리가 먼 것이 대부분이다. 그래도 나는 그들의 이야기에서 어떻게 내가 겪는 문제에 접근하고 또 장애를 뛰어넘어야 할지 단서를 많이 얻었다. 이 책에는 성공의 진짜 열쇠를 새롭게 획득하기를 열망하는 모든 이에게 적용할 수 있는 항구적인 삶의 교훈이 담겨 있다. 그들의 삶이 내게 그랬듯 여러분에게도 깊은 영감을 불러일으키고, 그 영감이 길고 튼튼한 연쇄 사슬을 이루어서 뻗어나가기를 바란다.

이 책을 읽는 법

뒤따를 장들은 대화한 내용을 그대로 옮긴 대본이 아니다. 우선 각 수상자와 장시간 인터뷰한 내용 중에서 모방할 가치가 있는 품성을 골랐다. 이어서 해당 인용문이나 생각에 내가 어떤 영향을 받았는지 말하거나 맥락을 덧붙였다. 논지를 명확하게 하고자 편집도 했다. 대화를 곧이곧대로 적으면 오히려 애매할 때도 있기 때문이다.

그런 가운데 초대 손님과 주고받은 이야기의 진실성을 유지하고자 온 힘을 다했다. 예를 들어, 여러분은 내 질문이 그 뒤에 이어지는 대화와 다소 어긋나 보이는 사례도 있음을 알아차릴 것이다. 대화란 본래 예기치 않은 방향으로 흘러가곤 한다. 수상자의 반응을 더 정확히 보여주게끔 질문을 다듬을 수도 있겠지만, 맥락을 잘못 전하고 싶지 않았다. 그렇긴 해도 뜻하지 않게 실수한 부분이 있다면, 그들의 탓이 아니라 전적으로 내 잘못이다.

장마다 수상자에게 상을 안겨준 연구를 짧게 설명하는 상자글도 덧붙였다. 뒤에서 시험문제를 내기 때문이 아니라 이러한 정보가 흥미로운 맥락을 더하기 때문이다. 꽤 많은 독자가 일단 이 과학자들의 이야기를 듣고 나면 그들이 어떤 발견을 했는지 알고 싶어지리라 생각한다. 그들의 연구가 어쩌면 여러분의 깊은 호기심을 건드릴지도 모른다. 그렇지 않은 쪽이라면 상자글은 마음 편히 건너뛰어도 된다. 만약 상자글을 읽고 나서 관련 내용을 더 알고 싶다면 노벨상 홈페이지nobelprize.org에서 각 수상자의 강연을 찾아보기를 권한다. 그들의 지식이 담겨 있다. 한편 그들의 지혜는 이 책에 담겨 있다. 여러분이 자기가 원하는 곳에 첨가할 수 있도록 증류하고 농축해 두었다.

여러분은 인터뷰에서 몇 가지 주제가 반복된다는 점

도 알아차릴 것이다. 호기심의 힘, 비판을 귀담아듣는 일의 중요성, '쓸모없는' 목표의 추구가 중요한 이유 등이다. 비슷한 내용끼리 모아서 주제별로 장을 나눌까 하고 고민해 봤지만, 각 대화의 흐름 속에서 나오는 편이 더 강렬한 울림을 일으키리라 생각한다. 어디든 원하는 장부터 읽어도 된다. 순서대로 읽도록 배치하긴 했지만, 건너뛰면서 읽는다고 해도 상관없다.

천재라는 버팀목

>< ><

영화 「어 퓨 굿 맨」에서 관타나모만 해군기지의 사령관인 제섭 대령은 진실을 캐는 캐피 중위에게 소리친다. "당신들은 내가 저 벽을 지키길 바라잖아. 내가 필요하다고!" 나는 대부분의 사람이 노벨상 수상자가 왜 그 상을 받았는지를 정말로 알고 싶어 한다기보다는 그저 수상자가 존재한다는 것만 알고 싶어 할 뿐이구나 하고 느낄 때가 종종 있다. 그런 천재가 존재한다는 것을 알면 마치 사회 전체가 더 편히 잠드는 듯하다. 어쩌면 자신이 직접 손을 대지 않아도 더 뛰어난 사람이 어디에서인가 사회를 발전시킨다는 데 위안을 느끼는지도 모르겠다. "음, 저들은 물리학밖에 모르지. 그래도 운이 좋은 이들이야. 유전자든 타고난 복이든 지위든 뭐든 간에 내가 가지지 못한 이점을 지닌 덕분에 저렇게 중요한 일을 하잖아."

이럴 때면 니체가 했던 말이 떠오른다.

> 따라서 우리의 허영, 자기애는 천재 예찬을 부추긴다. 천재를 우리와 아주 동떨어진 존재, 기적으로 생각할 때만 그 사람 때문에 기분이 상하는 일이 없기 때문이다. … 천재도 먼저 벽돌 쌓는 법을 배운 뒤 건물 짓는 법을 배우며, 끊임없이 재료를 찾고 그 재료를 써서 꾸준히 자신을 만들어간다. 천재의 활동만이 아니라 사람의 모든 활동은 놀라울 만치 복잡하다. 하지만 그 어느 것도 '기적'은 아니다.
>
> ―프리드리히 니체, 『인간적인, 너무나 인간적인』

여기 실린 수상자들은 대체로 어렵거나 평범한 집안

에서 자랐다. 그들은 천재적인 업적 또한 단지 행운의 변덕이 아니라 지난한 분투의 성과일 때가 많다는 것을 보여주는 탄탄한 지적 성취를 거두었다. 그런데 내게 그 사실보다도 격려가 되는 것은, 한 장인이 쌓을 수 있는 것은 다른 장인도 해낼 수 있다는 사실이다. 우리도 할 수 있다. 벽돌을 하나씩 쌓는 것이다. 그러면 이제 어떻게 쌓는지를 살펴보기로 하자.

1장

별을 바라보는 회의주의자

노벨상을 받았을 때 난
그게 내가 천재란 뜻도, 위대한 물리학자의 순위에
들었다는 뜻도 아니란 걸 직감했어요.
그건 대체로 딱 맞는 시간에 딱 맞는 장소에 있었기에
그 발견에 기여한 운 좋은 사람이 받는 상입니다.

애덤 리스
2011년 노벨물리학상 수상자

처음으로 소개할 학자는 이 책에서 만날 사람 중에서 가장 젊지만 동시에 겸손하고 이성적이기 그지없는 이다. 애덤 리스Adam Riess는 존스홉킨스대학교의 물리학 특훈 교수이자 우주망원경과학연구소의 천문학자다. 2011년 애덤은 "원거리 초신성 관찰을 통해 우주의 가속도 팽창을 밝혀낸 공로로" 브라이언 슈밋Brian Schmidt, 솔 펄머터Saul Perlmutter와 노벨물리학상을 공동 수상했다. 당시 애덤을 포함한 수많은 과학자의 예상과 달리 우주가 점점 더 빠르게 팽창하고 있음을 밝혀낸 그 연구는 1998년 발표되어 천체물리학 연구 기준으로는 무척 빠르게 인정받았다. 그 결과 애덤은 역대 가장 젊은 나이에 노벨물리학상을 받은 사람에 속하게 되었다. 마흔한 살 때였다.

애덤 리스와 나는 같은 세대다. 2005년에 애덤과 나는 UC 버클리대학교에서 전 세계가 지켜보는 가운데 젊은 물리학자 간의 경합을 벌였다. 1964년 노벨물리학상을 받은 위대한 학자 찰스 타운스Charles Townes를 기리며 누가 그의 후계자로 더 어울리는지를 겨루는 시합이었다. 나는 바이셉 실험BICEP experiment〔우주 마이크로파 배경복사를 관측하는 실험 −옮긴이〕개념을 제시함으로써 1등을 차지했고, 애덤 리스는 3등이었다. 덧붙이자면 나는 찰스 타운스의 명성을 재현하는 데 실패했다. 애덤이 노벨상을 받은 날 형 케빈은 내게 이렇게 말했다. "동생아, 전투에서는 네가 이겼지만, 전쟁에서는 애덤이 이겼네." 형만이 할 수 있는 말이다.

나는 진정한 승자는 절대 포기하지 않기에 절대 지지 않는다는 것을 애덤에게서 배웠다. 그들은 집요하고 쉽게 만족하지 못한다. 애덤은 노벨상이라는 월계관을 쓰고도 전혀 안주하지 않았다. 여전히 이전과 다름없이 탐구심과 열정이 가득하다. 그렇게 젊은 나이에 노벨상을 받는다는 것은 복권에 당첨되는 것과 비슷하다. 그러나 많은 복권 당첨자가 당첨된 바로 그해에 당첨금을 다 탕진하는 것과 달리 애덤은 명성에 취하거나 의욕을 잃는 대신 매일 치열하게 연구한다. 성공하고 나면 온다는 슬럼프 따위가 무엇이냐는 듯 눈부신 발견을 계속해 나가고 있다. 애덤 리스가 연구할 때 보여주는 헌신과 호기심, 온화한 평정심은 물론 찬탄의 대상이다. 하지만 나는 여러분이 어떻게 애덤이 이러한 성실한 열정과 동시에 건강한 회의懷疑와 경계심을 고수했는지에 주목하기를 바란다.

답이 궁금하지 않다면 다른 일을 찾으라

✕

일에서 성공한 원인이 무엇이라고 보나요?

뛰어난 스승들이 끌어주고, 운 좋게도 큰 연구 기관에서 환상적인 동료들과 함께 일한 덕분이지요. 과학을 어떻게 하는지를 배웠다는 것 자체가 대단히 중요했어요. 개인 차원에서 보자면, 아주 강한 호기심이 날 이끈 원동력이었어요.

내가 이 분야에서 가장 명석한 사람이라곤 생각하지 않지만, 고집스럽게 수수께끼를 푸는 일에 매달림으로써 모자란 부분을 보완하는 거죠.

언제 처음 천문학에 관심을 두게 되었나요?

일곱 살인가 여덟 살 때 아버지와 이런저런 얘기를 하다가요. 아버지는 별을 가리키면서 우리가 보는 별이 아주 멀리 떨어져 있어서, 사실은 수천 년 된 별빛을 보는 거라고 했어요. 지금은 사라진 별도 있을 거라고 했지요. 별은 이미 사라졌는데 빛이 계속 여행한다는 생각이 머릿속을 계속 맴돌았지요. 그 순간 물리학의 이런 매혹적인 측면에 푹 빠져들었다고 할까요. 하지만 대학생 때 물리학을 공부하면서조차 학문을 업으로 삼을 수 있을지는 몰랐어요. 어른이 되면 '진짜' 직업을 구해야 한다고 생각했었죠.

나중에 광학천문학을 택한 계기는 대학원에 들어갈 무렵 내가 흥미를 품었던 질문 몇 가지가 바로 그 분야에 속해 있었기 때문이에요. 이런 질문이었죠. "우주의 나이는 몇 살일까?" "우주는 궁극적으로 어떤 운명을 맞이할까?" 그런 질문에 도전하는 일이 가능하다고 과연 누가 생각이나 했겠어요!

학계에서는 제가 '학계 헝거 게임'이라고 부르는 일이 벌어지지요. 먼저 일류 학교에 들어가서 좋은 성적을 받고, 교수에게 잘 보여서 추천장을 받고, 대학원에 들어가서 좋은 연구과제를 받고, 논문을 발표해서 박사학위를 받고, 박사후연구원 자리를 구하고, 이어서 교수가 되고, 종신 재직권을 따고, 이윽고 노벨상을 받는 게임이지요. 이 게임이 부당하다고 느낀 적이 있나요?

별로 좋은 제도가 아니라고 생각해요. 운 좋게도 그 제도에 압도된 적은 없어요. 난 일찍이 과학에 흥미를 느꼈거든요. 그렇지만 과학이 재미있고 끌리는 한 계속 그것을 쫓되 정해진 길을 따라가며 체크리스트를 하나씩 달성하는 식이라면 쫓아가지 말자고 결심했어요. 체크리스트를 다 채워 무슨 자리를 갖겠다고 과학을 공부한다면 엉뚱한 분야를 선택한 거예요. 과학은 자신의 호기심과 열정에 이끌릴 때 아주 재미있어요. 과학을 하는 진정한 이유는 답을 알고 싶어서

입니다.

애덤이 말한 어린 시절의 호기심은 나를 움직인 것이기도 했다. 야심에만 이끌린다면 끊임없이 외부에 확인과 승인을 바라게 된다. 반면에 호기심은 스스로 강화하는 힘이 있고, 그 자체로 가치가 있다. 한 사람의 호기심은 독자적인 것으로 오로지 자기 자신에게만 속하며 그 사람을 드높은 성취로 이끄는 탁월한 연료다. 호기심을 따른다는 것은 곧 자기 본질을 삶의 중심에 놓겠다고 선택하는 것이기도 하다. 호기심을 따르는 삶이 일자리를 보장해 주지는 않지만, 외부의 칭찬에 끊임없이 의존하는 삶보다는 덜 지치고 더 지속 가능하다. 앎 자체가 목적이라면 성공 앞에 쉽게 들뜨거나 허무해하지도, 실패가 바로 좌절로 이어지지도 않을 수 있다.

상대가 쉽게 대답할 수 없는 질문이
의미 있는 질문이다

⋙

다른 물리학 분야에 비해서 천문학과 우주론에는 사람을 무척 흥분하게 할 수도 있고 또 짜증 나게 할 수도 있는 무언가가 있어요. 아인슈타인도 그런 감정에서 벗어날 수 없었죠. 사제이기도 했던 물리학자 조르주 르메르트가 최초로 팽창우주론을 주장했을 때 이렇게 말했다고 하잖아요? "당신의 계산은 옳지만, 당신의 물리학은 형편없어요." 천문학의 어떤 점이 그렇게 도발적일까요?

우주론은 거대한 질문을 다루는 대담한 학문이에요. 우주론에서는 이런 질문이 즐비합니다. "이 모든 건 어떻게 시작됐으며, 어디로 나아가고 있을까?" 많은 사람이 이런 질문은 과학이 아니라 철학이나 종교에나 어울린다고 느끼지만, 그 질문은 우주론자의 연구 주제이기도 하죠. 하지만 출발점은 같아도 접근법은 다릅니다. 우린 우주가 왜 있어야 하는지, 우주에서 사람이 무엇을 해야 하는지 고민하는 대신에 우주란 공간의 역학이나 운동, 거리를 얘기하지요. 우리가 측정할 수 있는 대상이니까요. 하지만 과학적 방법으로 연구한다고 해도 어쨌든 그 질문에 대한 답은 개개인의 신념이나 세계관과 깊게 연결된 것일 수밖에 없어서 종종 감정적인 반응을 불러일으키곤 했죠.

프레드 호일은 빅뱅이란 개념에 몹시 분개했어요. 호일은 나름의 강력한 철학적 견지에서 그 문제를 바라봤죠[프레드 호일은 헬륨보다 무거운 원소의 생성 과정을 밝히는 데 기여한 영국의 천체물리학자. 빅뱅설 대신에 우주가 언제나 같은 상태로 존재한다는 정상우주론을 내놓았다—옮긴이]. 우주론은 사람이 이런 거대한 질문에 실질적인 대답을 구할 가능성을 보여줘요. 바로 그런 이유로 많은 논쟁이 일어날 수 있는 분야이기도 하죠.

우주론이 아니더라도 어떤 분야에서든 남의 심기를 거스를 만한 질문이나 발상이 떠오를 때가 있다. 그것이야말로 우리가 대담하고 의미 있는 방향을 찾았다는 뜻일지도 모른다. 우리의 연구, 계획, 작품이 사람들을 불편하게 했다면 그것이 지금까지의 틀을 흔들거나 미처 생각하지 못했던 측면을 드러냈기 때문일 수도 있다. 이처럼 대담한 주장을 하려면 자기 자신을 믿어야 한다. 내게 떠오른 작은 영감이 기존의 주장을 거스르더라도 어리석은 생각으로 치부하지 않고 깊이 탐사해 보고 세상에 내놓을 용기를 낸다면 세상에 새로운 가치를 더할 수 있다. 기존 관행을 따르고, 고개를 계속 조아리고, 질문을 많이 하지 않을 때 이룰 수 있는 성취도 분명히 있다. 그러나 변화를 주도하는 위대한 성공은 도전적으로 질문하고 그 질문에 답하려고 시도할 만큼 호기심이 강한 이의 것이다.

나는 내 생각보다 훨씬 쉽게 속는다

><

'허블긴장Hubble tension'〔허블텐션이라고도 한다—옮긴이〕을 천체물리학자들이 본격적으로 주목하게 하는 데 주요한 역할을 했습니다. 허블긴장이 무엇이며 왜 중요한가요?

현재 우주가 얼마나 빨리 팽창하는지를 실제로 측정하면 우리의 우주 이해를 토대로 예측한 값보다 일관되게 훨씬 더 높게 나오거든요. 여기서 발생하는 갈등을 허블긴장이라고 부르죠. 몇 가지 척도로 아이의 키가 얼마나 자랄지 예측했는데, 예상보다 60센티미터나 더 자란 것과 비슷해요. 이 결과가 우주에 새로운 주름이 있다는 걸 알려주는 걸까요? 나는 모릅니다. 이해하기조차도 몹시 어려워요. 다양한 가능성을 따져볼 수 있도록 많은 학자가 측정의 정밀도를 높이려고 계속 연구하고 있어요.

두 가지 서로 다른 측정값이 존재한다는 건 사람들이 자기 마음에 드는 데이터만을 추려서 자기 마음에 들도록 그럴듯하게 분석할 여지를 넉넉하게 줍니다. 하지만 난 그런 식으로 데이터를 취사선택해서는 안 된다고 굳게 믿어요. 데이터를 안내자로 삼아 우주를 헤쳐 나갈 때 가장 많은 걸 알아낼 수 있다고 봅니다. 우리 연구진만 해도 우주의 팽창 속도가 느려지고 있을 거라고 생각했지만 막상 데이터는 우주가 점점 더 빠르게 팽창하고 있다는 걸 보여줬죠.

과학이든 삶의 다른 어느 분야든 간에 데이터를 중심으로 삼는 것이 확증편향을 피하는 최고의 방법이다. 사람들은 과학자를 두고 인간을 인간답게 하는 바로 그 편향에 어느 정도 면역이 있으리라고 여긴다. 물론 그렇지 않다. 나는 노벨상을 받은 물리학자 리처드 파인먼이 한 말을 종종 떠올린다. "첫 번째 원칙은 자기 자신을 스스로 속이지 말아야 한다는 것이다. 그리고 자기 자신이야말로 가장 속이기 쉬운 상대다." 애덤은 모든 과학적 결론에, 특히 자기 자신의 결론에 대해 건강한 회의주의를 유지하고자 이 지침을 고수한다. 우리는 문지기가 없는 인터넷 시대를 살기에 이러한 확증편향을 피하도록 경계심을 유지하는 것이 전보다 더욱더 중요하다.

뛰어난 동료를 정말 많이 만나게 됩니다. 자신감을 잃거나 자기 자신을 의심한 적은 없나요? 가면증후군을 느낀 적은 없는지 궁금합니다.

일찍이 난 과학 분야에 있는 연구자 대다수가 연구에 매진하다 보면 결국 아주 좁은 영역을 더 잘 알게 될 뿐이란 걸 알아차렸어요. 그래서 나 역시 결국 그 영역만을 알고 더 큰 그림은 못 보리란 것도 깨달았지요. 노벨상은 그 자체로 내

목적은 아니었어요. 노벨상을 받았을 때 난 그게 내가 천재란 뜻도, 위대한 물리학자의 순위에 들었다는 뜻도 아니란 걸 직감했어요. 그건 대체로 딱 맞는 시간에 딱 맞는 장소에 있었기에 그 발견에 기여한 운 좋은 사람이 받는 상입니다. 같은 분야에서 일하는 누구라도 받을 수 있었어요. 난 아인슈타인이 아니고 절대 아인슈타인인 척할 수도 없을 겁니다. 그저 내 작은 영역에서 전문 지식을 갖추고 있다는 데 만족할 뿐이에요.

애덤은 가면증후군을 완전히 뒤집어 생각했다. 모두 자기만의 독특한 좁은 영역을 차지할 뿐이고 수상은 원래 운에 기대는 것이라면, 논리적으로 볼 때 어떤 사람도 사기꾼일 수가 없다. 애덤의 논리를 기억한다면 자신이 해낸 일에 의구심이 들거나 자기 자격에 의문을 품게 될 때 쓸데없이 힘을 소모하지 않을 수 있을 것이다. 자신의 성취나 실패에 지나치게 의미를 부여하지 않는 특유의 균형감 덕분에 애덤은 오히려 목표를 향해 흔들림 없이 나아갈 수 있었다.

비판자의 말에 단서가 있다

※

과학자에게, 아니 데이터를 다루는 모든 사람에게 고민스러운 것이 바로 오차입니다. 실험하고 데이터를 분석할 때 우린 언제나 오차를 참작해야 합니다. 통계적오차statistical error, 그러니까 우연오차는 자신이나 다른 누군가가 다음번에 실험을 재현할 때 반복될 가능성이 작지요. 따라서 데이터를 더 많이 얻으면 줄어들 겁니다. 하지만 우주먼지가 일으키는 산란 같은 것은 우리가 관여할 수도 없는데 측정에 큰 영향을 끼치지요. 이렇게 환경이나 장치에 내재한 오류는 단순히 데이터를 축적한다고 극복할 수 있는 것이 아닙니다. 우리가 계통오차systematic error라고 부르는 문제지요. 그처럼 대응하기 어려운 문제를 마주했을 때는 어떻게 해야 할까요?

그 문제를 논의에 부치고 업계 동료들의 말에 귀를 기울여요. 그들은 대개 좋은 질문을 던질 겁니다. 그런 질문을 내치기보다는 적어놓고 가만히 앉아서 그들의 질문에 어떻게 답할지 생각해요. 질문받을 당시엔 그들이 제대로 이해하지 못해서 그런 질문을 한다고 생각하거나 부당하다고 느낄 수도 있어요. 그 연구를 처음 시작한 사람이 자신이라면 더욱 그렇죠. 그러나 비판하는 사람의 말에 귀를 기울이고 실험이나 검사를 통해 답을 내놓으려고 시도하는 편이 좋아요. 그래서 성과가 있다면 그들에게 돌아가서 물어요. "이건 설득력이 있어 없어?" 그 과정을 계속해요. 그러면 우리가 진리라고 말할 만한 수준에 이를 거예요.

칼 세이건이 그런 얘기를 했죠. "비범한 주장엔 비범한 증거가 필요하다." 운 좋게도 난 몇 차례 그런 주장을 내놓고 근거를 찾을 기회가 있었습니다. 하지만 그 과정은 한마디로 말해 어렵습니다. 한 연구자나 한 팀, 한 연구소 수준에서 감당할 수 있는 일이 아니에요. 긴 시간에 걸쳐 각자 다른 관점에서 이 주장을 분석하고 따져볼 수많은 과학 연구자로 이뤄진 공동체가 필요합니다. 내 경험상 뻔히 잘못된 건 이런 장기적인 공세엔 거의 살아남지 못해요.

사람들이 이해해야 할 점은 우주론이 어렵다는 거예요. 데이터를 얻기도, 분석하기도 어려워요. 우리 분야에서는 우주를 서로 전혀 다른 방식으로 탐사한 온갖 종류의 데이터가 동일한 결론에 이를 때 마침내 학문적인 합의가 이뤄지고 주장이 지식으로 받아들여지죠. 과학이란 대체로 이런 방식으로 이뤄집니다. 실험이나 측정에서 이따금 실수나 오차가 발생해도 계속해서 데이터를 모으다 보면 결국 그런 현상이 반복되진 않아요. 크게 봤을 때 지속적으로 같은 결과를 재현할 수 있는 것. 우리가 올바른 길로 간다고 생각하게 하는 건 바로 이 재현성이에요. 그리고 그 재현성이 바로 과학의 특별한 점이기도 하죠.

애덤이 통계적오차와 계통오차에 관해 한 말은 내게 어린 시절 성당에서 배웠던 평온을 비는 기도문을 떠올리게 한다. "내가 바꿀 수 없는 것을 받아들일 평온, 바꿀 수 있는 것을 바꿀 용기, 그 차이를 알 지혜를 주소서." 인생에서 마주치는 문제의 유형 역시 과학에서 마주하는 것과 비슷하게 나눌 수 있을 듯하다. 잡음이나 통계적오차는 완전히 없앨 수는 없지만, 데이터와 경험을 더 많이 쌓음으로써 줄일 수 있다. 내가 겪는 문제가 잡음이나 오차라면 시간이 흐르면서 어느 정도 개선되지만 완전히 해소할 수는 없다.

반면에 우리가 실제로 바꿀 수 있는 것도 있다. 계통 오차에 속하는 문제는 발견하기조차 어렵지만, 일단 발견되면 제거할 수 있다. 이처럼 계통에 존재하던 오류를 발견하고 수정하는 일은 마치 원죄를 용서받는 것 같은 기분이 든다. 신성에 한 걸음 다가간 듯 말이다.

방향 자체, 방법 자체가 잘못 나아갈 때 우리는 어떻게 그 안에 있으면서도 그 사실을 깨닫고 또 문제의 원인까지 발견할 수 있을까? 바로 비판자의 말에 귀 기울이는 것이다. 무슨 일을 하든 마찬가지다. 일한다는 것은 외부와 소통한다는 것이고, 곧 비판에 노출될 수 있다는 뜻이다. 칭찬이 이성을 잠식하는 것을 허용하지 말아야 하며, 비판이 감정을 잠식하는 것도 허용하지 말아야 한다.

우리는 인간이기에 우리가 하는 일에는 흠결이 있을 것이며, 우리가 가려는 길에는 장애물이 나타날 것이다. 하지만 작가 라이언 홀리데이가 지적했듯이, 장애물은 우리에게 오히려 길을 보여준다. 장애물을 마주함으로써 우리는 마침내 자기 목표가 어느 방향에 있는지 깨닫게 된다. 그처럼 때로 진심 어린 비판은 우리의 동기를 자극할 수 있다.

나를 괴롭히는 것만 같은 비판이 실은 내가 목표를 달성할 수 있도록 돕는다는 점을 진정으로 받아들일 수 있다면 얼마나 더 대단한 일을 해낼 수 있을까? 그래도 비판 앞에 자신을 열어놓기가 너무나 고통스럽다면 때가 왔을 때 애덤 리스가 비판을 활용하는 방식을 되새겨 보자. 공격으로만 느껴졌던 질문에 시간을 두고 성실하게 답해보며 거기서 내 방식의 오류를 발견하고 나아갈 기회를 찾는 것이다.

두려워하지 않는 법

><<

후대에 남기고 싶은 말이 있나요?

과학이나 물리학은 물론 그 외에도 내가 경험한 모든 일에서 최고의 안내자는 호기심일 겁니다. 안타깝게도 오늘날 세계의 많은 이를 사로잡은 생각과 태도는 호기심과는 정반대 편에 놓여 있어요. 바로 이렇게 말하는 일종의 극단적인 이념이죠. "난 이미 모든 걸 알아. 그리고 남들도 알 때까지 그들의 머리를 쥐어박을 거야." 그런 식으로는 결코 아무것도 해낼 수 없어요.

과학자는 호기심을 품고, 눈을 크게 뜨고, 세계가 실제로 어떻게 돌아가는지를 배우러 나섭니다. 종종 무척이나 놀라운 걸 발견하게 되죠. 제가 노벨상을 받은 연구를 할 때도 마찬가지였어요. 막상 알아낸 우주의 현실은 우리가 세운 가설과는 너무나 달라 충격적이었습니다. 누구든 일상에서 호기심을 간직하며 살아가는 건 무척 중요합니다. 내 생각이 선입견은 아닌지 되돌아보며 현실을 관찰하고 무엇이 합리적인지 살펴본다면 무슨 일을 하든 좋은 결과가 뒤따를 거예요.

인생의 불확실성은 우리를 두렵게 한다. 하지만 호기심을 놓치지 않으면서 겸손하게 살아가는 이들에게 세상이 내 생각대로 되지 않는다는 것은 놀랍고도 즐거운 일이다. 나의 좁은 틀에서 정해진 계획대로 살고자 하는 대신 열린 세상 속에서 새로움을 기대하며 살아간다면 예측할 수 없었던 일 앞에서 불안해지기보다는 두근거림을 느낄 것이다. 애덤의 이야기는 우리에게 그 진리를 되새기게 해준다.

우리는 인간이기에 우리가 하는 일에는 흠결이 있을 것이며,

우리가 가려는 길에는 장애물이 나타날 것이다.

하지만 장애물은 우리에게 오히려 길을 보여준다.

장애물을 마주함으로써 우리는 마침내 자기 목표가 어느 방향에 있는지 깨닫게 된다.

마크 에드워즈, 「걸어 지나가다」

우주 가속

우리의 건포도빵은 언제 다 익을까

수천 년 동안 과학자들은 우주가 멈춰 있는 곳이라 믿었다. 하늘에는 행성, 태양과 달 이외에는 움직이는 것이 거의 없었다. 그러다가 1929년 에드윈 허블이 1921년 노벨상 수상자 알베르트 아인슈타인을 비롯한 전 세계 사람에게 우주의 모든 은하가 서로 점점 멀어진다는 사실을 증명하며 모든 것이 바뀌었다. 이제 우주를 그릴 때 과학자들은 더는 불변하는 바탕 위를 움직이는 천체들을 떠올리지 않았다. 우주는 그보다 오븐에서 익고 있는, 건포도가 가득 박힌 거대한 빵 반죽에 가까웠다. 여기서 건포도는 바로 은하다. 오븐에서 빵이 부풀수록 건포도는 서로 멀어진다.

하지만 천문학자들은 우주가 팽창하고 있긴 해도 거스를 수 없는 중력 때문에 언젠가는 팽창이 멈추리라고 예상했다. 1990년대에 애덤 리스가 이끄는 연구진은 우주의 팽창 속도가 얼마나 느려지고 있는지를 측정하는 일에 나섰다. 예를 들어보자. 야구공을 던진다면 공이 손을 떠나자마자 속도가 줄어들기 시작할 것이다. 지구에 있는 모든 물질의 중력이 공을 끌어당기므로 속도는 느려질 수밖에 없다.

마찬가지로 천문학자들은 우주에 별, 행성, 은하, 은하단 등 엄청난 양의 물질이 있다는 것도 잘 알고 있었다. 천문학자들은 질량 때문에 생기는 중력에 우주 팽창을 멈추고 더 나아가 우주가 붕괴하게 할 만한 힘이 있다고 믿어서 결국 우주의 팽창 속도가 줄어들 것으로 보았다. 더 나아가 은하가 서로 멀어지는 속도가 충분히 느려지면 이윽고 방향이 역전되어서 은하가 서로 모이기 시작할 것이고, 궁극적으로 우주 자체가 붕괴하는 '빅크런치Big Crunch'가 일어날 것으로 보았다.

그러나 2011년 노벨물리학상을 공동 수상한 애덤 리스와 두 과학자가 모은 데이터는 우주의 팽창 속도가 둔화하기는커녕 사실상 가속하고 있다는 놀라운 발견으로 이어졌다. 우주는 시간이 갈수록 점점 더 빠르게 팽창하고 있었다. 그래서 그들은 우주의 에너지 수지에 관여하는 추가 구성 요소가 있다는 새로운 가설을 내놓았다. 그전에는 암흑물질이든 발광물질이든 간에 우주에 사실상 물질만 있다고 예상했다. 지금 물리학자들은 우주에 있는 에너지의 약 70퍼센트가 이른바 암흑에너지라고 믿는다. 우주에 물질 외의 무엇이 있다는 이론은 원래 알베르트 아인슈타인이 '우주 상수'라는 이름으로 제시했다가 뒤에 자기 최대 실수라고 하면서 폐기한 개념이다.

우주의 가속도 팽창 발견이 더 놀라운 이유는 연구진이 원래 정반대 현상을 측정하겠다고 나선 것이라는 데 있다. 나는 이와 같은 발견이 가장 순수성이 높다고 본다. 확증편향에 빠지지 않고 데이터가 주는 정보를 있는 그대로 분석했다는 것을 드러내기 때문이다. 연구진은 가속도 팽창을 발견하고 불과 13년 뒤에 노벨상을 받았다. 대부분의 연구는 충분히 재현되어 인정받기까지 수십 년이 걸린다. 가속도 팽창의 발견이 재빨리 인정받은 덕분에 우주가 가속 상태에 있다는 견해, 즉 그 발견이 이루어지기 한두 해 전까지만 해도 완전히 불가능하다고 여겼던 관점이 급격하게 받아들여졌다. 우주를 바라보는 우리의 관점이 완전히 전환된 것이다.

2장

납득할 수 있는 실패에 도달하라

머릿속에 뭐가 있냐고요?
"저거 흥미로울까?" 그것이 첫 번째 질문이지요.
내가 나 자신이나 다른 누군가에게 흥미로운 일을 하는 걸까?
또 한 가지 질문은 더 속물적인 거예요.
"저거 재미있을까?"

———————————————————

라이너 바이스
2017년 노벨물리학상 수상자

라이너 바이스Rainer Weiss의 이력만으로는 그의 어린 시절을 상상할 수 없을 것이다. 그는 MIT(매사추세츠공과대학교)의 명예교수이며, 학사학위와 박사학위도 같은 곳에서 받았다. 전형적인 엘리트 코스를 밟았을뿐더러 누구도 부정할 수 없는 눈부신 연구 성과를 여럿 거두었다. 2017년 "라이고 검출기와 중력파 관측에 결정적으로 기여한 공로로" 배리 배리시, 킵 손Kip Thorne과 공동으로 노벨물리학상을 받았다. 과학자, 공학자, 기술자, 관리자 등 1000명이 넘는 연구진과 함께 한 연구였다. 라이너는 라이고(LIGO, 레이저간섭계중력파관측소) 프로젝트뿐만 아니라 코비(COBE, 나사의 우주배경탐사선)에서 선구적 활약을 함으로써 많은 상을 받았다. 미국국립과학아카데미, 미국물리학회 등 많은 전문 협회의 회원이기도 하다.

그는 갓난아기 때부터 격동하는 세계 역사의 틈바구니에서 여러 번 위기를 마주했다. 1932년 독일에서 태어났지만 나치를 피해 처음에는 프라하로, 그다음에는 미국으로 망명했다. 하지만 그는 어린 시절 혼란스럽거나 괴로웠다고 회상하지는 않는다. 하루 내내 무엇인가를 만지고 조립하고 두들기느라 바빴기 때문이다. 넘쳐나던 전쟁 폐기물들이 그의 놀잇감이었다. 그때 생긴 질문들에서 출발해 그는 결국 과학자가 되었다.

라이너 바이스는 실제로 만나보면 노련하고 매혹적인 이야기꾼이다. 호기심을 마음껏 좇으며 살았던 덕분일까. 눈부실 만치 쾌활한 기운이 넘친다. 그는 대단히 솔직하다. 아마도 그처럼 대규모 과학 프로젝트를 운영하려면 그 면면에 대해 조심스럽게 찬미만을 늘어놓기보다는 단점을 인정하고 직시하는 태도가 필수적일 것이다. 80대의 나이에도 여전히 열정이 넘치는 라이너의 모습에 나는 찬탄을 금할 수 없었다. 블랙홀이 몇 년마다 시공간을 뒤흔

드는 것처럼 그는 관심의 방향을 계속 돌리고 바꾼다. 이런 성향 덕분에 그가 내놓는 생각은 여전히 영민하고 신선하다. 라이너는 안주하지 않고 거듭 관점을 새로이 하여 큰 그림을 보고자 하는 사상가다.

숨겨진 왕도는 없다, 계속된 시도만이 있다

><

열네 살 때 전축, 아니 당시 쓰이던 말로 하면 축음기를 뚝딱거려서 사업을 벌였다고 했지요? 물론 음반 위에 놓인 작은 바늘의 미세한 진동과 시공간의 반향 사이에는 흥미로운 연관성이 보입니다.

실험물리학 분야에 뛰어든 이 중엔 집에서 이것저것 고치면서 경험을 쌓은 사람이 많아요. 차고에서 뚝딱거리거나 배관공 또는 전기공 밑에서 일하면서요. 그런 경험을 통해 문제를 해결하는 법을 배웁니다. 그때 잡음noise이 문제의 원천이란 걸 알게 되죠.

그런데 왜 전자공학에 관심을 두게 되었나요?

제2차 세계대전이 끝난 것과 관련이 있어요. 1944~1945년경에 아주 많은 물건이 폐품으로 나왔어요. 뉴욕 코틀랜드 가街의 예전 세계무역센터 근처에서 고물상을 하던 친구가 내게 말하더군요. "멋진 게 들어왔어. 남태평양에서 막 돌아온 거야. 좀 닦아야 하지만, 레이더 장비가 통째로 왔어. 오실로스코프(일종의 전자 계측 장비) 필요해?"

당시 내 삶에서는 음악이 중요했어요. 하지만 악기를 연주하는 법은 배우지 못했거든요. 그때 운 좋게도 세 가지 우연이 겹쳤지요. 코틀랜드가의 고물상, 브루클린에 있는 극장에서 화재로 내놓은 확성기, 막 시작한 라디오방송이었죠. 그 확성기들을 갖고 이것저것 만들었는데, 덕분에 전혀 의도하지 않았던 사업을 시작하게 됐죠. 라디오에서 뉴욕필 하모닉 연주가 흘러나올 때 그 확성기로 들으면, 음악당에 실제로 가 있는 듯한 느낌을 받았어요! 난 클래식 음악을 좋아하는 다른 이민자 부모님들을 초대해서 그 확성기로 라디오를 들려드리곤 했지요. 그럼 그분들은 이렇게 말하곤 했어요. "맙소사, 환상적이야. 하나 만들어줄 수 있니?"

축음기 음반을 재생하는 기능은 마지막으로 추가한 거예요. 그런데 해결하지 못한 문제가 하나 있었죠. 음반의 지직거리는 소리를 없애고 싶은데 안 되는 거예요. 온갖 방법을 썼지만, 해결하기는커녕 더 나빠지기만 했죠.

하지만 그 문제가 바로 새로운 출발이 되었지요.

맞아요. 그 문제를 해결하고 싶어서 대학에 들어갔어요. 그래서 처음엔 전기공학과에 들어갔던 거죠. 그런데 3학년이 되기 직전 사랑에 빠졌다가 거하게 실연을 당했고, 그 바람에 죄다 F를 맞고 말았어요. 학교를 계속 다니기 곤란할 지경이었죠. 그때 전기기술자가 필요한 것처럼 보이는 연구실을 발견했어요. 실제로 그런 사람을 구하더군요. 그래서 아예 대학을 중퇴하고 정직원이 되어 2년 동안 일했죠. 노동조합에서도 아주 열성적으로 활동했고요.

라이너가 베를린에서 태어났을 때, 그의 아버지는 이미 나치를 피해 프라하에서 망명 중이었다. 라이너와 어머니가 뒤를 따르며 가족은 다시 만났으나 몇 년 지나지 않아 나치가 체코슬로바키아를 점령할 것이란 소식이 들려왔다. 겨우 잡은 터전을 다시 버리고 미국으로 떠나야 했지만 비자를 받을 수 있었던 그들은 운이 좋은 축이었다. 나는 대공황에 이은 제2차 대전을 겪은 라이너의 어린 시절 이야기에 푹 빠졌다. 그는 지구 전체에 거대한 반향을 일으킨 사건이 벌어지는 와중에도 독학으로 온갖 물건을 수리하고 사업을 벌이며 그 나름대로 즐거운 유년기를 보낸 듯하다. 그는 전쟁의 잔재로 풍성했던 고물상을 누비던 소년의 호기심과 상상력을 결코 잃은 적이 없다. 실연의 아픔을 호되게 겪으며 학교까지 그만둬야 했던 청년기에도 그 소년의 궁금증이 그를 계속 나아갈 수 있게 했다.

라이너의 인생은 성공이 삶의 경로가 곧은지 구불구불한지에 달린 것이 아니라 그 길을 한 걸음 한 걸음 걸어가면서 어떤 능력을 쌓는지에 달렸다고 말해준다. 어느 분야에서든 문제를 해결할 줄 아는 사람은 성공한다. 이는 업무뿐 아니라 인간관계, 취미, 여가 활동 등에서도 마찬가지다. 상상력 넘치는 해결책을 가지고 문제에 접근할 줄 안다면 더욱더 그렇다. 나는 마음에 안 든다는 어조로

"요즘 애들은" 어쩌고저쩌고하는 사람이 몹시 싫지만, 도무지 안정적이라고는 볼 수 없는 라이너 바이스의 성장배경이 어떻게 그가 물리학 분야에서 쌓은 놀라운 경력으로 이어졌는지 생각해 보면 탄성이 나온다. 인생이 꼭 이상적으로 흘러가지 않는다고 해도 그때 주어진 상황을 비관하기보다 지금 얻을 수 있는 것에 집중하는 이에게는 얼마든지 새로운 가능성이 열린다.

모든 실험의 목표는 성공이 아니라 학습이다

><><

실험을 언제 그만두어야 할지 어떻게 아나요? 돈을 더 쏟아부으면 언제까지고 계속할 수 있지 않습니까? 그런데도 그만두어야 할 때가 되었다는 것을 어떻게 알 수 있나요?

내가 아는 사례가 몇 가지 있어요. 나도 꽤나 실패했으니까요! 처음 실패를 겪은 건 더 좋은 시계를 만들려고 애쓸 때였지요. 학교를 그만두고 제럴드 재커라이어스Jerrold Zacharias 교수님 연구실에서 전기기술자로 일할 때였어요. 교수님은 원자시계를 연구하고 있었지요. 교수님이 그러더군요. "실험을 하나 하고 싶어. 넌 시계를 갖고 산꼭대기로 가고, 난 골짜기로 내려가는 거야. 그리고 서로 신호를 주고받으면서 아인슈타인의 적색이동을 측정할 거야." 그런데 교수님이 적색이동을 측정하려고 발명한 그 멋진 시계가 의도대로 작동하지 않았어요. 교수님은 해야 할 더 중요한 일이 있었기에 그 실험을 그만해야겠다고 생각했죠. 하지만 난 더 급한 일 같은 건 없었거든요. 그 시계가 왜 작동하지 않는지 알아내고 싶었어요. 그래서 계속 실험을 거듭한 결과 원자빔의 어떤 속성 때문에 그 원자시계로 적색이동을 측정할 수 없었는지 알게 됐어요. 난 왜 실험이 성공하지 못하는지 내 선에서 정확하게 이해할 수 있을 때만 실험을 포기해요. 그걸 알면 언젠가 그 실험의 한계를 해결할 기술이 생겼을 때 쉽게 알아차릴 수 있죠. 사실 라이고를 만들 때도 그런 경험이 있었고요. 어쨌든 그때 원자시계 실험을 계속하면서 알게 된 지식이 박사학위를 받은 연구의 출발점이 됐어요. 그 과정에서 상대성이론과 중력에 깊은 관심을 두게 된 거죠.

우리는 어차피 실패한다. 그렇다면 우리에게 더 절박한 질문은 어떻게 실패하지 않을 것인가 하는 문제가 아니라 어떻게 실패를 다룰 것인가, 혹은 실패 끝에서 무엇을 할 것인가 하는 문제다. 라이너는 상사가 실패했다고 버려둔 실험을 자기 호기심으로 계속해 나갔다. 그리고 그것이 박사학위의 출발점이 되었을 뿐만 아니라 평생의 화두로 이어졌다. 실패를 마주했을 때 패배감은 옆으로 밀어두고 가만히 상황을 살펴본다면 그 잔해에는 반짝거리는 것이 잔뜩 섞여 있다. 그리고 그 일에서 무엇인가를 배웠다면, 그것을 실패라고 부를 수 있을까?

과학자에게는 더더욱 실험의 목표가 성공이 아니라 학습이다. 하지만 하나의 실패에 너무 큰 비용을 치르지 않으려면 노력이 필요하다. 그런 의미에서 신생 창업 기업에서 유행하는 저비용 소규모 실험을 통해 사업을 사전 검증하는 프로토타입 기법은 과학자에게도, 개개인의 삶에도 효과적으로 적용할 수 있다. 자신이 쌓은 경력을 다 내려놓고 전혀 새로운 무엇에 도전하고 싶다고 하자. 새로운 분야에 더 깊이 빠져들기에 앞서 비용도, 위험도 적은 실험을 해보는 편이 낫다. 무엇인가 한 가지는 확실히 배웠다고 느끼는 시점까지만 노력해 보는 것이다. 지금까지 이룬 것을 다 던져버리기 전에, 혹은 엄청난 시간과 비용을 들여 새로운 일을 시작하기 전에 무리하지 않고 이런저런 착상을 시험할 수 있다. 성공하든 실패하든 그때마다 조금씩 더 배움으로써 결국 목표한 변화에 필요한 준비를 하게 된다. 그리고 그 과정에서 통찰력도 쌓게 된다.

사회적 기술은 능력의 본질이다

중력파를 검출하기까지 프로젝트를 중단했다가 재개하는 일이 수없이 반복되지 않았습니까? 이 분야의 창시자인 조지프 웨버Joseph Weber조차도 모든 과학자가 경계해야 마땅한 함정에 몇 번 빠졌잖아요?

웨버를 아주 잘 알죠. 매우 훌륭한 과학자였어요. 문제는 웨버가 자기비판 능력이 좀 부족했다는 거예요. 그게 웨버가 빠진 근본적인 함정이죠.

우리가 지금 중력파 검출에 쓰는 기술 중 많은 부분이 웨버의 발상에서 비롯됐어요. 웨버는 어떤 압력을 찾아야 한다고 믿었는데, 지금 우리가 사용하는 개념과는 다르지만 같은 얘기예요. 그저 말하는 방식의 문제죠. 웨버는 잡음에 어떤 특징이 있는데, 그걸 검증하려면 동시 관측 실험 coincidence experiment을 해야 한다고 생각했어요. 지금 우리가 중력파를 검출할 때 하는 일도 그거거든요. 웨버가 중력파를 찾진 못했지만 발상의 방향은 다 옳았던 거예요.

안타까운 점은 지금까지 해온 연구를 옹호해야 하는 시점에 이르렀을 때, 웨버는 대다수 과학자와 다른 방식으로 대응했다는 겁니다. 자기 방식을 공개하고 토론하는 대신에 그냥 이렇게만 내뱉었죠. "내 방식대로 하지 않았군." 그리고 이 감도를 어떻게 측정했는지 설명하지 않았어요. 이런 말도 하지 않았죠. "관측 일지를 비교해 보자고. 어떻게 그런 값을 얻었지? 난 어떻게 얻었고?"

나만 해도 웨버의 발상에 매료됐거든요. 그런데 혹시 감지된 잡음이 지구자기장일 수도 있을 것 같아서 의견을 냈죠. 웨버는 자기가 그렇게 기초적인 것도 생각하지 않았을 줄 알았느냐며 무척 불쾌해했어요. 공동연구 같은 건 당연히 불가능했죠. 무척 적대적인 분위기였고요.

　과학뿐 아니라 모든 분야에서 자기비판 능력의 결핍은 재앙을 초래한다. 웨버는 경이로운 재능이 있는 과학자였지만, 사회적 기술은 없었다. 그러니까 웨버는 합의를 도출하려는 시도조차 하지 않았다. 과학계에서도 어떤 연구가 실험실 너머의 성과로 이어지려면 일반상대성이론 방정식을 계산하고 초고감도 검출기를 만드는 것 이상의 무엇이 필요하다. 사람들과 상호작용하고, 그들에게 동기를 부여하고, 그들을 설득하고 이끄는 법을 알아야 한다. 그와 같은 사회적 기술은 우리가 영업자든 핵물리학자든 간에 모른다면 꼭 배워야 하는, 능력의 부수적인 요소가 아니라 본질이다.

　웨버는 협력하거나 소통할 줄 몰라서 자기 자신을 스스로 고립시켰을 뿐만 아니라 실험도 고착시켰다. 중력파를 검출할 수 있다고 본 점에서는 웨버가 절대적으로 옳았지만, 그것을 측정하려고 그가 고안한 실험에는 결함이 있었다. 웨버가 다른 과학자들과 공동연구를 하고 의견을 나누었다면 중력파를 훨씬 일찍 검출하는 데 성공했을지도 모른다. 그러나 웨버는 시종일관 방어적이었다. 과학계 동료들의 검증 과정이 있어야만 궁극적으로 옳고 그름을 판정할 수 있다는 것을 받아들이지 않았고, 죽는 날까지도 자기가 처음에 얻은 결과를 붙들고 늘어졌다. 누구도 내 의견에 동의하지 않는다면, 내가 그저 개성이 강하고 독립적인 사람이라서 그럴 수도 있다. 아니면 내가 틀렸기 때문일 수도 있다.

소통하지 않으면 괴짜일 뿐이다

>×<

당신은 결국 중력파를 검출해 내고자 역사학자 도리스 컨스 굿윈Doris Kearns Goodwin이 '경쟁자들의 팀'이라고 부른 것을 꾸렸습니다. 캘텍(캘리포니아공과대학교)과 MIT는 긴 세월에 걸쳐 팽팽한 맞수였습니다. 두 기관은 가장 귀한 자원을 놓고 경쟁을 벌여왔어요. 사람과 돈 말이지요! 그런데 어떻게 두 그게 실제로 정말 힘들었어요. 따지고 들면 어려움은 한 가지 현실적인 문제에서 비롯합니다. 일하는 방식이죠. 우린 골치 아픈 상황에 부닥쳤는데, 캘텍보다 MIT 쪽이 더 문제였어요. 당시 MIT는 중력파물리학이란 분야 전체에 선입견이 있었으므로 내가 이런 시도를 하는 것 자체가 꽤나 야심찬 일이었죠. 처음 이 방향으로 연구를 시작했을 때 MIT는 전혀 지원하거나 개입할 생각이 없었어요. 그래서 대학원생을 예비 실험 과정에 투입할 수가 없었죠. 왜냐고요? 이 프로젝트는 엄밀히 말해 공학이었으니까요. "거기에서 의미 있는 과학 지식은 전혀 얻어낼 수 없을 겁니다." 그런 말을 수없이 들었죠. 학교 측은 고생할 가치가 없어 보이는 일에 대학원생의 시간과 미래를 낭비할 위험을 무릅쓰려 하지 않았던 거예요. MIT엔 블랙홀 연구에 관심을 보이는 사람이 전혀 없었어요. 그래서 그곳에 계속 남아서 이를 연구할 방법은 오로지 라이고를 즉시 전면적인 규모로 추진하는 것뿐이라고 생각했어요. 소규모 장치로는 불가능하다는 걸 논문으로 증명할 수 있었으니까요.

하지만 웨버가 물의를 빚은 탓으로 당시 중력파를 연구하려는 과학자는 과학을 하는 게 아니라 아픈 거라고 치부될 지경이었어요. 그걸 일종의 병적인 현상으로 다루는 책을 쓰려는 사람이 있을 정도였죠. 그때 미국국립과학재단에서 라이고 프로젝트를 검토한다는 걸 알게 된 리처드 가윈Richard Garwin(수소폭탄을 최초로 구상한 미국 물리학자—옮긴이)은 알고 지내던 재단의 물리학과장에게 편지를 썼어요. 기분 나쁜 어조는 아니어도 결국 이런 뜻이었죠. "그런 (신뢰도 낮은) 연구를 지원한다면 재단이 난처해질 수 있습니다." 그래서 재단은 일단 몇 달간 우리 연구를 검증하는 기간을 거쳤는데, 결과적으로는 아주 좋은 평가를 내렸어요! 가윈은 웨버가 중력파를 검출했다고 주장했을 때 논쟁을 벌였던 당사자였기 때문에 편견이 깊었죠. 그때만 해도 중력파를 연구하는 사람은 그런 시선에서 벗어날 수 없었어요. 우리는 그 때문에 특별히 조심스럽게 행동했죠. 어쨌든 중요한 건 그런 검증 과정에 내 발상을 끊임없이 노출해야 한다는 거예요. 특히 검증하는 사람이 가윈처럼 뛰어난 학자라면요.

오늘날 우리가 과학을 연구하는 방식에서는 소통이 정말 중요해요. 모든 중요한 성과는 함께 일구는 거예요. 제가 노벨상을 탄 연구도 실은 수백 명의 과학자가 함께 이뤄낸 거죠. 몇몇 사람에게만 공로가 돌려진다는 게 참 불합리한 일이에요. 각자가 조금씩 다르게 기여하거든요. 함께 상을 탄 배리 배리시는 탁월한 물리학자이자 조직을 일구고 운영하는 데도 뛰어난 책임자죠. 아마 이 얘기는 모를 것 같은데, (또 다른 공동 수상자인) 킵 손은 물리학적인 감이 매우 좋아요. 물론 킵은 이론물리학자이기도 해서 나와 달리 수식을 쓸 때 좀처럼 틀리지 않죠. 게다가 숫자나 이론을 떠나서 어떤 경이로운 직감을 갖추고 있어요. 킵이 뭔가가 맞는다고 생각하면 보통 맞죠. 킵 덕분에 간섭계에 잡음이 언제 어떻게 생길지를 잘못 예측하고 있었다는 걸 깨달았죠. 그리고 킵의 말이 맞았어요.

라이고에 대해서는 이런저런 설이 많았어요. 해커가 신호를 조작한 거라는 말도 있었지요. 해커가 정말 소프트웨어를 건드렸나요?

해커가 절대 들어오지 않았다는 건 증명할 수 없었죠. 하지만 몇 주에 걸쳐서 모든 가능성을 점검하고 또 점검했거든요. 결국엔 해킹했을 가능성보다 신호가 진짜일 가능성이 더 높아질 때까지 거듭했어요.

어쩌면 공동 수상자들에 대한 라이너의 이야기가 그들의 진정한 강점이자 성과의 비밀을 담고 있을지도 모르겠다. 세 사람이 모두 대단한 경력을 쌓은 탁월한 물리학자라고 해도 이렇듯 각자의 장점은 다르다. 그들의 공통점이라면 서로 이익이 부딪힐 수 있는 상황에서도 자신의 관점을 내세우기보다 상대의 강점을 잊지 않고 의견을 수용할 줄 알았다는 것이다. 이처럼 현대 과학에서 변혁을 끌어낸 이들은 대중매체에서 흔히 상상하는, 연구만을 아는 독단적인 외골수와는 거리가 멀다. 그들과 방구석의 천재를 가르는 지점이 여기일 것이다. 자원은 한정되어 있고 트로피를 가져갈 사람의 숫자 역시 정해진 현실에서 경쟁자와 협력하려면 무척 대담해야 한다. 그러나 그들은 상대를 호적수라고 생각하는 만큼이나 서로 깊이 존중했고, 결국 라이고 프로젝트로 중력파 검출을 어제의 미신이자 말썽거리에서 새로운 과학적 현실로 바꾸는 데 성공했다. 마치 갈릴레이가 처음 망원경을 우주로 돌렸을 때처럼 무한한 가능성을 연 것이다.

누구라도 절대 내키지 않는 상대와 함께 일해야 하는 상황에 부닥칠 수 있다. 그때 시늉만 하며 당장을 모면할 수도 있다. 하지만 위협은 받아들이기 나름이다. 내 주장이나 위치를 위태롭게 하는 것 같은 이가 실제로는 나와 궁극적인 목표가 같을 때도 많다. 그들의 비판은 일방적인 괴롭힘이 아니라 우리가 추구하는 목표를 달성하고자하는 건설적인 의견 제시일지도 모른다. 그들을 내 협력자로 삼을 때 많은 것이 달라진다.

마지막까지 승리하는 법

우리는 블랙홀이 마치 실제로 있는 양 이야기합니다. 즉, 블랙홀이 존재한다는 것을 어느 정도는 알지요. 그리고 당신은 우리가 블랙홀이 단지 개념이 아니라 생생한 실체라고 느끼게 한 장본인이기도 합니다. 그런데 실은 블랙홀이라고 추정되는 것의 형체를 그 주변에 있는 가스를 통해 바깥에서 관측할 수 있을 뿐이지 실제로 블랙홀을 관측할 수는 없습니다. 중력이 주변에 일으킨 작용을 토대로 짐작할 수는 있어도 말이지요. 그렇게 외양을 관측한 것만으로 이른바 사건의 지평선event horizon 아래에 있는 블랙홀 중심에 중력 특이점이 존재한다고 추측하는 것은 상당한 도약입니다. 어떻게 그런 추측에 이를 수 있는 것일까요?

내가 볼 때 그 추측의 근거를 대는 게 바로 이 분야에서 다음에 일어날 가장 중요한 일이에요. 우리가 무엇을 봤든 또는 보지 못했든 얘기는 거기에서 끝나지 않아요. 중력파 검출 분야에 들어오는 다음 세대는 실제로 블랙홀을 측정할 수 있는 뭔가를 내놓을 겁니다. 그것이 바로 빅뱅 관측기죠.

라이너 바이스의 말에는 이 책에서 계속 보게 될 핵심이 담겨 있다. 바로 과학이란 누적적이라는 것이다. 모든 사람은 다른 모든 이의 어깨 위에 서 있다. 그는 특이점이 결국은 발견되리라고, 더 나아가 머지않아 그런 일이 이루어질 가능성이 있다고 확신한다. 라이너의 열띤 어조에 담긴 확신은 설령 한 개인이 연구하면서 자신이 원하는 모든 것을 다 이루지 못한다고 해도, 그의 연구를 토대로 다음 세대가 그가 꿈꾼 결승선까지 다다르리라고 믿을 때 얼마나 큰 위안을 얻는지를 상기시킨다. 그런 식으로 우리는 떠나고 나서도 그 성취에 여전히 참여한다.

이는 실제로 코비와 관련해서 라이너에게 일어난 일이기도 하다. 라이너는 1984년 발사되어 20년 만에 우주 배경복사의 특성을 관측한 코비 프로젝트의 공동 창설자였다. 그러나 그 연구로 노벨상을 받은 사람은 그가 아니라 그 프로젝트를 이어받은 이들이었다. 라이너와 같은 이들은 맥락을 잊지 않는 사람이다. 비좁고 깊은 연구의 틈새로 끊임없이 내려가면서도 자신이 큰 흐름의 일부라는 사실을 항상 기억한다. 그들의 승리는 단지 오늘의 실패와 성공에 달린 것이 아니므로 그들은 늘 이기게 된다.

나의 재미를 좇아가라

><><

당신은 이미 코비 프로젝트에 기여하면서 세상을 바꾸는 놀라운 발견을 해냈습니다. 코비가 우주배경복사의 온도 변화를 관측해서 빅뱅의 중요한 증거를 발견했으니까요. 이 프로젝트로 당신의 후배들이 노벨상을 받기까지 했습니다. 그런데 그 뒤에도 당신은 중력파를 계속 연구했지요. 많은 사람이 별난 연구라고 여겼고, 구상에서 합의에 이르기까지 40년이나 걸린 연구였어요. 무엇이 그럴 용기를 주었나요? 이미 큰 성공을 거두고 세간의 주목을 받았는데도 엄청난 시간과 돈을 낭비하게 될 수도 있을 대규모 연구를 밀고 나갔던 당신의 경험에서 우리가 무엇을 배울 수 있을까요?

글쎄요, 난 그런 식으로 생각하지 않아요. 한 실험이 일단 끝나고 나면 성공했든 아니든 더는 관심을 두지 않아요. 그럼 머릿속엔 뭐가 있느냐고요? "저거 흥미로울까?" 그게 첫 번째 질문이죠. 내가 나 자신이나 다른 누군가에게 흥미로운 일을 하는 걸까? 또 한 가지 질문은 더 속물적인 거예요. "저거 재미있을까?" 코비와 라이고는 둘 다 내게 재미있고, 또

잠재적인 가능성이 있다는 걸 난 알았어요. 그리고 두 연구는 우리 연구실에서 거의 동시에 시작했지요.

실험의 규모가 너무 커지면 그토록 중시하는 흥미와 재미 요소가 사라지지 않나요?

라이고에서 연구하면서 어떤 실험이 성공하더라도 그게 결론이라고 느껴지진 않았어요. 답을 찾아야 할 문제가 계속 생겼고, 그 문제들을 해체해 하나하나 풀어나가다 보면 흥미로운 연구 주제가 계속해서 나타났죠. 끝없이 펼쳐지는 퍼즐 같았어요.

아서 클라크는 말했어요. "가능성의 한계를 발견할 방법은 그 한계를 좀 더 지나서 불가능 속으로 나아가는 것밖에 없다." 여든여덟 살의 라이너 바이스가 아직 가능성의 한계를 발견하지 못한 스무 살의 당신을 만날 수 있다면 어떤 조언을 해줄지 궁금합니다.

언뜻 떠오르는 게 하나 있네요. 무언가에 관해 어느 정도 시간을 들여 생각하기 전까지는 아주 가치 있는 건 만들 수 없

다고 전하고 싶어요. 또 떠오르는 참신한 착상을 그냥 넘겨
버리지 말고 붙들고 다시 살펴보길 바랍니다. 그중 일부는
정말로 흥미로울지도 모르니까요. 너무 어려운 일이라고 쉽
게 단정하지 말아요. 거기에 어떤 가능성이 있다고 생각한
다면 시간을 들여서 살펴봐요.

　또 강조하고 싶은 게 있습니다. 5년마다 자신이 하는 일
이 여전히 흥미로운지, 아니면 습관이 돼버렸는지를 되짚어
보라는 겁니다. 5년째 같은 주제만을 판다면 자신에게 충분
히 질문하지 않은 겁니다. 이런 질문은 꾸준히 던져야 해요.
"내가 좋아하는 걸 이 일에서 얻고 있을까? 아직도 재미있
는가? 아직도 흥미로운가?"

알프레드 노벨은 모든 유산을 노벨상을 만드는 데 기부하고,
히브리어로 '자바zava'ah'라고 하는 윤리 유언장도 남겼습니
다. 상속인에게 남기고 싶은 말을 담은 지혜의 유언장을 뜻
하지요. 지구에서 88년 동안 쌓은 지혜 중에서 미래 세대에
게 남기고 싶은 것을 꼽는다면요?
다들 질겁하지만 난 언제나 같은 조언을 해요. 모두에게 전

하고 싶으면서 나 자신에게도 전하고 싶은 말이지요. 재미가 없으면, 그 일에서 빠져나오라는 겁니다.

라이너 바이스의 시선은 경이로웠다. 큰 프로젝트 안에는 여러 작은 프로젝트가 들어 있고, 그것들이 더해져서 전체 프로젝트의 성공을 이룬다. 하지만 그에게 각각의 작은 프로젝트는 한낱 도구나 과정이 아니었다. 라이너는 그 작은 프로젝트들에서도 자체의 재미를 발견했다. 라이고의 설립 초기에는 많은 과학자가 여전히 중력파는 검출할 수 없다고 믿었기에 프로젝트의 미래가 위태로웠다. 언제든 예산이 삭감될 수 있었고, 그렇게 되면 연구도 끝이었다. 그는 그런 위기 속에서 근성, 회복력, 인내심을 보여주었다. 하지만 라이너는 그때의 이야기를 불굴의 의지로 어려움을 극복했던 일화가 아니라 너무나 흥미롭고 재미있는 일이라 포기하기 쉽지 않았던 경험이라는 듯 전한다. 라이너에게 재미는 두 번째 문제가 아니다. 그는 자신에게 흥미롭고 재미있는 것이라면 그 안에 풀어나갈 문제가 있을 것으로 굳건히 믿는다.

타인의 업적에 토대를 두고 남의 실수에서 배우며 일할 때, 그 일은 절대 지겨워지지 않는다. 실험물리학자의 기량이 나이를 먹을수록 나아지는 이유다. 경험이라는 연장을 담은 연장통의 크기가 무한할 때 하나의 프로젝트 위에 다음 프로젝트를 쌓아 올려 언제나 새로운 것을 뚝딱거리며 만들어낼 수 있기 마련이다.

절대 내키지 않는 사람과 일해야 할 때가 있다.

그때 시늉만 하며 당장을 모면할 수도 있다.

하지만 그들을 협력자로 삼을 때 많은 것이 달라진다.

마크 애드워즈, 「배를 기다리며」

중력파 검출
인류가 발견한 새로운 창

시공간이 천이라면 중력파는 그 전체에 걸쳐 일어나는 파동과 같다. 아인슈타인은 일반상대성이론에서 중력파를 예측하면서, 뉴턴이 발견한 만유인력의 법칙을 본질적으로 바꾸어놓았다. 아인슈타인의 이론은 시간과 공간의 개념을 고정된 무엇인가에서 우주의 모든 사건이 벌어지는 4차원의 '정글짐'으로 전환했다. 이 이론은 온갖 뜻밖의 가설로 이어졌다. 그중 하나가 태양이나 그보다 30배 무거운 거대한 블랙홀처럼 무거운 천체가 움직일 때 시공간에 물결이 일고 출렁거린다는 예측이다. 그런 천체는 광속으로 나아가는 중력파를 일으킨다. 천체가 무거울수록, 시공간에서 가속되어 빨라질수록 중력파의 형태로 생성되는 에너지도 더 커진다.

라이고 프로젝트는 역사상 최초로 두 개의 초질량 블랙홀이 충돌하여 생긴 중력파의 증거를 직접 검출했다. 각각의 질량이 태양의 약 30배에 달하는 블랙홀이 충돌했는데, 그 충돌은 12억 년 전에 일어났으며 그때 발생한 중력파는 2015년 9월에 지구에 도착했다.

　　중력파는 빛과 다르게 물질을 통과해도 왜곡되지 않고 발생 당시의 정보를 보전하기에 시각적 관찰의 한계를 뛰어넘는 획기적인 도구였다. 1609년 갈릴레이가 광학망원경으로 하늘을 바라봄으로써 물리학, 천문학, 우주론에 지각변동을 일으켰듯 라이고의 관측은 물리적 현실의 구조를 들여다보는 새로운 창을 냄으로써 우리의 물리학, 천문학, 우주론 이해에 혁신을 가져올 것이다.

3장

쓸모없는 과학이 가장 우아하다

우리 물리학자들이 하는 연구의 상당수는
사실 쓸모가 없지요. 지금까지 이루어진 놀라운 발견 중
대부분이 우리 삶에 아무런 직접적인 영향도
미치지 않을 거예요. 매일 세계를 조금 더 이해해 간다는
기쁨을 제외하면 말이죠.

셸던 글래쇼
1979년 노벨물리학상 수상자

셸던 글래쇼Sheldon Glashow는 아름다움을 나침반으로 삼았던 대표적인 물리학자다. 1979년 셸던은 압두스 살람Abdus Salam, 스티븐 와인버그Steven Weinberg와 함께 "소립자 사이의 약한 상호작용과 전자기 상호작용의 통합 이론에 기여한 공로로" 노벨물리학상을 받았다. 그들의 발견은 이른바 전자기약이론(전약이론)이라는 이름으로 잘 알려져 있다.

셸던은 1932년 맨해튼에서 러시아 이민자 부모에게서 태어났으며, 현재 하버드대학교 물리학 명예교수이자 보스턴대학교 수학 및 물리학 명예교수로 있다. 과학계에서 긴 세월 활동하며 넓은 인간관계를 맺었던 셸던은 20세기의 거의 모든 탁월한 물리학자를 잇는 접점과도 같다. 그에 걸맞게 셸던은 다양한 과학적 발상이 융성할 장을 제공하는 동시에 여러 과학자가 교류하고 일할 수 있게 하는 촉매 역할을 하며 과학계에 거대한 영향을 끼쳤다.

셸던은 미국에서 물리학자라고 하면 떠올리는 전형에 가까운 인물이다. 시트콤 「빅뱅이론」의 주인공 셸던 쿠퍼를 창안할 때 그를 참조했다고 알려졌을 정도다. 셸던은 실제로 학구적인 지식인이면서도 반짝거리는 장난기가 넘친다. 만날 때마다 그토록 지적으로 정직하고 엄밀하면서도 쾌활하고 친근한 태도를 보이는 데 놀란다. 자연의 수수께끼 같은 측면을 유쾌하고도 흥미롭게 설명하는 능력 또한 수많은 사람이 셸던을 아끼고 찾는 이유다. 1988년 당시 시점에서 물리학의 향후 경로를 내다본 저서 『상호작용Interactions』을 비롯하여 과학에 관한 그의 모든 저술에는 겸손함이 느껴진다. 셸던은 아무리 많은 상을 받은 과학자라고 해도 과학적인 발견은 절대 온전히 예견할 수 없으며, 발견에는 우연과 행운이 분명히 작용한다는 것을 꾸준히 언급했다. 80대 후반인 지금도 셸던은 경이에 찬 시선으로 세상을 바라본다.

그 영예를 내가 차지해야 할 이유는 없다

경쟁이 강한 업계죠. 이런 경쟁심은 연구에 몰두하는 강한 동기가 되기도 하지만 때로 협력을 방해하고 힘을 소진하게 하기도 합니다. 이론물리학계에서 경쟁심은 저주일까요, 아니면 적절히 쓰면 바람직할 수 있을까요?

이론물리학 분야에서 경쟁한 경험이 그리 많지 않아요. 내게는 늘 협력이 중심이었거든요. 예를 들어, 함께 노벨상을 받았던 스티브 와인버그와 난 여러 면에서 달랐지만 그를 경쟁자라고 부르진 않을 겁니다. 그저 성격이나 취향이 좀 다른 물리학계의 동료일 뿐이지요. 돌이켜 봐도 그래요. 언제나 협력이 내 일의 중심이었습니다.

"경쟁이 아니라 협력이었다." 셸던의 이야기는 어쩌면 재미없을 정도로 상식에 가깝게 들리지만, 과학자로 일하다 보면 이런 마음가짐을 유지하기란 거의 불가능에 가깝다. 따라잡혀서 뒤처지는 것이야말로 과학자에게 가장 큰 불안의 원천이다. 누구든 같은 주제에 관한 논문을 자신보다 먼저 발표한다면, 영예를 놓치고 담론을 끌어나갈 주도권을 빼앗기는 것은 물론 연구비를 지원받거나 좋은 일자리를 구하는 것 또한 어려워진다. 셸던은 결코 그런 두려움을 느낀 적이 없다고 단언한다. 셸던은 언제 저도 이상할 것이 없는 시합을 벌이고 있었지만 긴 연구 생활 내내 초조해하거나 다른 경쟁자를 견제하는 대신 소통하고 협조를 구했다. 영예를 빼앗길 위험이 있을 때조차 공동연구 제안을 환영했다. 셸던의 행적은 연구 결과에 누구 이름이 붙는지에 연연하느라 궁극적인 목표를 잊을 뻔했던 수많은 순간을 되돌아보게 한다.

물론 우리가 셸던의 이런 태도를 찬양하는 것은 그가 드높은 성취를 거두었을 뿐만 아니라 노벨물리학상이라는 형태로 그 영예와 명성을 인정받았기 때문이다. 하지만 인정받는 것만이 연구의 목표였다면 수상과 함께 연구도 끝났을 것이다. 이 책에서 다룬 모든 수상자는 상과 무관하게 치열한 연구를 이어나갔다. 수상 이후의 삶은 그들을 움직이게 하는 동기가 노벨상의 영예나 뒤따라오는 부상이 아니었음을 시사한다. 그들의 궁극적인 목표는 자연을 더 깊이 이해하는 것이다. 셸던도 마찬가지였다. 게다가 셸던은 자기 자신을 너무 대단하게 여기는 법이 없었기에 꼭 자기가 그 성취를 이루어야 한다고 집착하지 않았다. 그러니 경쟁자가 나타난다고 위협을 느낄 이유도 없었다.

셸던이 협력에 그토록 거리낌이 없는 것은 거의 초능력에 가까운 온전한 자기 확신 덕분일지도 모른다. 셸던의 그런 성향은 특유의 장난기와 관련이 있는 것 같다. 장난기와 자기 확신은 어느 정도 상호 보완적인 관계다. 자기 일에 확신이 있을 때 그것을 즐길 여지가 더 커지고, 그것을 즐길 수 있을 때 자기 확신이 커진다. 자기 일에 확신이 부족해서 매사 너무 진지하고 무겁게 접근하게 된다면 역으로 셸던처럼 가벼운 태도를 먼저 취하는 것이 필요하다. 중요하다고 생각하는 일이라도 장난스레 별일 아닌 양 접근한다면 오히려 그 일에 필요한 자기 확신이 뒤따라올지도 모른다. 궁극적인 목표를 잊지 않는 것. 나를 지나치게 소중히 여기지 않는 것. 셸던의 태도를 따라 할 수 있다면 어떤 길을 걷든 좀처럼 헤매지 않을 것 같다.

시간을 내서 하는 상상

><><

꽤 많은 사람이 어린 시절 우주에서 일어나는 일을 상상하는 내용의 작품을 접하며 물리학에 끌리기 시작하지요. 그중 몇몇 물리학자는 나중에 심지어 창작에 손을 뻗기도 해요. 『코스모스』처럼 과학을 다룬 비소설의 모범 사례라 할 책을 쓴 칼 세이건 또한 과학소설을 출간한 적이 있을 정도입니다. 당신도 과학소설을 좋아하는지 궁금합니다.

과학소설은 내 삶의 중요한 일부였어요. 열두 살에서 열네 살 때 《놀라운 과학소설Astounding Science Fiction》이란 잡지를 탐독했어요. 그때 읽은 「핵심Brass Tacks」이란 기고 기사를 통해서 원자폭탄이 일본에 떨어지기 전에 이미 그런 폭탄이 만들어질 수 있다는 걸 알았죠. 과학소설은 내가 과학을 업으로 삼는 데 무척 중요한 역할을 했어요. 그 힘을 절대 간과할 수 없죠. 지금도 과학소설을 고맙게 여기고 종종 읽습니다.

그렇다면 다른 행성에 생명이 있을까요?

다른 행성에 생명이 있다고 절대적으로 확신합니다. 이 은하에 있을 수도 있고, 그렇지 않다고 해도 찾아볼 행성이 수십억 개나 되죠. 아마 지적인 생명체도 있을 겁니다. 그런 생명체를 만난다면 행운이겠죠? 만날지 못 만날지는 모르죠.

과학자는 데이터 앞에서 엄정해야 하는 만큼이나 모든 방향의 가능성을 떠올릴 수 있어야 한다. 그와 같은 상상력을 자극하는 데는 대중문화가 큰 역할을 한다. 특히 과학소설은 미래주의적 개념과 이론을 인물과 관계의 맥락 속에서 구현해 실제 과학을 추구하는 이에게도 영향을 미치곤 한다. 이야기라는 형식을 통해 우리는 착상을 더 철저히 탐구하고, 현실의 경계를 넘어 원대한 것을 꿈꾸고, 상상력을 마음껏 펼칠 수 있다. 그렇게 과학소설은 미래를 예측하는 하나의 진지한 방법이 된다.

아인슈타인 또한 어린 시절 푹 빠져 읽은 과학소설을 통해 사고실험을 하며 상대성이론의 영감을 받았다고 알려져 있다. 현재와 과거에 제약받지 않는 우주 우체국 이야기를 읽으며 어린 아인슈타인에게 질문 하나가 떠오른 것이다. "내가 광선과 함께 여행한다면 어떤 일이 일어날까? 무엇을 보게 될까?" 이런 사고실험은 내 머리와 시간만 있으면 되며 당장 현실이나 자원에 제한받지 않는다. 엄격하게 구상해야 하는 것도 아니다.

하지만 이런 상상의 가치는 몹시 과소평가되고 있다. 물론 상상만으로 혁신을 일굴 수는 없지만 다양한 세계를 마음속으로 그리고 심취했던 이가 거기에 더 가까이 다가갈 수 있기 마련이다. 셸던뿐 아니라 여러 수상자를 만나며 이렇게 즐거움을 찾을 줄 아는 사람이 변화를 일으킬 가능성 또한 높다는 것을 끊임없이 다시 확인했다.

'쓰레기 시간'의 힘

><><

당신이 쓴 글을 읽으며 당신은 무척 유쾌하고 관대하며 솔직한 사람이라고 느꼈어요. 그렇지만 물리학자로 살아가며 자존심을 내세우고 오기를 부려야 하는 순간이 있지 않았나요? 틀릴 가능성이 큰 가설을 탐사한다든가 할 때 말이지요. 물리학자에게 자존심이 어떤 역할을 한다고 생각하나요?

그 질문에 어떻게 대답해야 할지 잘 모르겠군요. 물리학자에게 중요한 다른 것에 대해서 대신 말하겠습니다. 내게는 과학을 공부하는 게 무척 재미있었거든요. 내가 진지하게 과학을 공부하기 시작한 건 대학원생 때였어요. 닐스보어연구소에서 방문 연구자로 일하려고 코펜하겐에 살았던 시절이죠. 여러 나라에서 많은 박사후연구원이 와 있었어요. 중국, 러시아, 일본, 폴란드, 이탈리아, 스웨덴에서도 왔죠. 난 그들과 함께 논문을 썼어요. 그때 협력이 물리학 연구의 핵심이란 사실을 깨달았죠. 무척 즐겁게 놀러 다녔던 시절이기도 해요. 재미는 과학에서 대단히 중요해요. 난 늘 재미와 즐거움을 좇았습니다. '글래쇼·일리오풀로스·마이아니' 논문은 내가 무척 자랑스럽게 여기는 거예요. 맵시 쿼크의 존재를 예견했거든요. 그 논문은 어느 정도는 멕시코 해변에서 나왔다고 할 수 있어요. 존John Iliopoulos과 바닷가에서 헤엄치다가 함께 그 개념을 떠올리게 됐거든요. 모든 과정이 즐거웠어요.

아이는 하루에 삼백 번을 웃지만 어른은 겨우 다섯 번 웃는다는 말을 들은 적이 있다. 유년기와 성년기 사이에 어떤 일이 벌어지기에 우리는 그렇게 진지해지는 것일까? 미국 코미디언 제리 사인펠드Jerry Seinfeld는 별 의미 없는 시간, 별 목표나 계획 없이 흐트러진 시간을 '쓰레기 시간'이라고 부르면서 그 시간이야말로 자신에게 소중하다고 말한 적 있다. 어쩌면 우리도 그렇게 쓰레기 시간을 보낼 때 오히려 일에 유년기의 활기와 패기를 불어넣을 수 있을지 모른다. 구조화되지 않은, 계획으로 가득하지 않은 느슨한 순간에 생각은 가지를 뻗고 새로운 발상이 떠오른다.

셸던 글래쇼는 놀이와 진지한 연구를 통합한다. 셸던은 전 세계 곳곳에서 온 지식인에게서 영감을 받았고, 그들과 특별한 계획 없이 어울렸던 순간에 함께 새로운 착상을 얻어낼 수 있었다. 학회 일정에 쫓기는 대신 바다에 뛰어들어 여유롭게 헤엄치기를 선택하는 사람이 아니었다면 셸던은 지금과 같은 물리학자가 되지 못했을 것이다. 우리 모두 일하는 사이사이에 재충전하고 활기를 회복할 시간이 필요하다. 그러지 않으면 직관이 떠오를 여지가 없다.

행복해서 가르친다

> ✄

『상호작용』에서 교육을 "서쪽의 비밀 무기"라고 불렀어요. 당시 소련과 미국의 제도를 대조하며 나온 말이었는데, 소련에서는 물리학 연구자가 학생을 가르치지 않고 연구에만 몰두하게 하지만 미국에서는 연구자가 학생을 가르치고 그 덕분에 연구 또한 더 풍성해진다는 뜻이었던 것으로 기억합니다. 조금 더 듣고 싶어요.

연구자가 교사의 역할을 겸하는 건 영국과 미국의 전통이에요. 독일 같은 나라들에서는 반드시 그런 건 아니죠. 교육은 따로 하지 않는 연구소에 아주 많은 연구자가 속해 있죠. 독일의 방식이 특별히 후진적이거나 문제로 이어졌다는 뜻은 아닙니다. 교육과 연구가 상호 보완적이라고 생각하지만, 반드시 그래야 하는 건 아니에요. 내게 가르칠 의무가 없었다면 아마 더 많은 연구를 해냈을 거예요. 그러나 아마 더 행복하진 않았을 겁니다. 학생들이 배우는 순간을 목격하는 건 무척 기쁜 일이거든요. 정말 멋진 학생을 많이 만났어요. 가르치는 일은 내 삶의 가장 핵심적인 부분이었습니다.

나는 여기서 셸던의 솔직함에 깊은 인상을 받았다. 학생을 가르치는 것은 셸던의 연구나 경력에 직접적으로 도움이 되는 일은 아니었을 것이다. 그러나 셸던에게 기쁨과 인맥을 안겨주었다. 더 중요한 점은 과학적 시공간이라는 천에 다음 잔물결을 일으킬 후세대의 학생에게 영감을 주었다는 것이다. 어쩌면 그 역할이야말로 우리에게 더욱 중요한 책무일 것이다. 나는 막역한 친구인 스테폰 알렉산더Stephon Alexander를 통해서 셸던이 교사로서도 비범한 능력이 있다는 사실을 알고 있었다. 스테폰은 브라운 대학교의 물리학 교수이자 현재 미국흑인물리학자협회의 회장인데, 열다섯 살 때 물리학 여름 캠프에 갔다가 캠프를 주최했던 셸던을 만났다. 물리학의 힘과 영향력을 일깨워 주었던 셸던의 강의 덕분에 마이클 조던을 꿈꾸던 소년은 물리학의 세계에 눈을 떴다. 나는 대학 때 스테폰과 친해지며 물리학에 대한 그의 열정과 호기심에 깊은 영향을 받았으니, 셸던이 결국 내 연구에도 영향을 끼친 셈이다. 그 영향력은 먼 거리에서 약하게 미쳤지만, 동시에 극적이면서 대체할 수 없기도 했다. 교육과 지도는 강력한 물결을 일으킨다. 그 물결이 얼마나 멀리 있는 해안에서 부서질지 아무도 말할 수 없다. 지식의 해안선이 그들이 일으킨 그런 물결의 영향을 강하게 받아서 빚어진다는 말만 할 수 있을 뿐이다.

아름다움이라는 도구를 쓰는 법

物理学과 수학에는 아주 간결하고 대칭적으로 세상의 원리를 설명하기에 우아하고 아름답게 느껴지는 진리가 있습니다. 맥스웰방정식 같은 것이 그렇고 당신의 전자기약이론도 마찬가지지요. 그런데 우리가 아름다움을 안내자로 삼는 일에 너무 중독되어 있다고 생각하는 이도 있어요. 미적으로 합치하는 결과를 찾는 것이 그렇게 합리적인 기준이 아니라는 것이지요. 물리학이 더 멀리 나아가면서 점차 아름다움에 기댈 수 없는 지점도 있을 것으로 생각하나요?

난 그렇게 생각하지 않아요. 아인슈타인을 비롯해 우아함과 아름다움을 옹호하는 물리학자의 전통을 따를 겁니다. 아름다움은 물리학자의 기준이자 안내자로서 할 일이 아직 많이 남아 있다고 생각해요. 앞으로도 더욱 아름답게 합치되는 발견이 나오리라고 예상해요.

여기서 나는 셸던과 생각이 조금 달랐다. 자연은 우아하다. 아름다움과 물리학을 연관 지어 이야기할 때 사람들이 흔히 지칭하는 것은 자연 속에서 때때로 관찰되는 대칭성이나 단순함이다. 셸던의 전자기약이론이 그렇다. 자연 속 네 가지 상호작용 중 세 가지가 결국 같은 힘이라고 보는 전자기약이론은 간결하고 직관적이라 더 아름답게 느껴지는 진리를 발견한 대표적인 사례다. 시인 키츠 또한 "진리는 곧 아름다움이고, 아름다움은 곧 진리다"라고 믿었다. 하지만 나는 그것이 언제나 적용되는 이야기는 아니라고 생각한다. 때때로 문제를 해결하고 진리에 더 효율적으로 도달하고자 할 때 아름다움은 어느 방향을 먼저 살펴보아야 할지 알려주는 좋은 안내자가 될 수 있다. 하지만 진리는 아름답고 단순하다는 생각에 지나치게 매료되면 오히려 연구를 잘못된 방향으로 이끌 수 있다.

아름다움을 추구하는 것 역시 답을 찾는 하나의 방향이자 도구일 뿐이다. 우리의 일과 일상에서 단순함과 우아함을 발견하고 함양하는 것은 멋진 일이다. 그러나 현실이 늘 그런 가치에 부합하지는 않는다. 때로 그 단순한 답을 찾아낼 수 없을 때가 있다. 그때는 세상의 그런 모호하고 수수께끼 같은 측면을 즐기면 그만이다.

세상에는 그 자체로 중요한 일이 있다

✕

젊은 물리학자에게 무엇을 추구하라고 조언하고 싶은가요?

개인적으로 난 쓸모없는 과학을 선호합니다. 우리 물리학자들이 하는 연구의 상당수는 사실 쓸모가 없지요. 지금까지 이뤄진 놀라운 발견 대부분이 우리 삶에 아무런 직접적인 영향도 미치지 않을 거예요. 매일 세계를 조금 더 이해해 간다는 기쁨을 제외하면 말이죠. 지난 수십 년 새 우리의 우주 관측 능력은 놀라운 발전을 이뤘습니다. 우주론이 검증할 수 있는 정밀과학이 됐다는 사실은 무척 흥분되는 일이죠.

그리고 우주에는 배울 게 아주 많이 있어요.

'쓸모없는 과학'이라는 말은 즉시 스마트폰의 통화품질을 나아지게 해주지는 못하지만 우주의 비밀을 밝힐 수도 있는 이른바 기초연구를 언급할 때 셸던이 으레 쓰는 표현이다. 물리학과 더 나아가 기초과학 전체가 우리 기술에만이 아니라 문화에 그토록 중요한 이유도 그 때문이다. 양자역학이 그랬듯 기초과학이 도달한 연구 결과가 우리 삶에 어떤 영향을 끼칠지 처음에는 예상하기 힘들다. 하지만 그 자체로도 이미 자연의 경이에 대해 알려준다. 셸던에게는 그것만으로 차고 넘쳤다.

물론 기계공학에서 전자공학과 컴퓨터에 이르기까지 대부분 기술적 돌파구가 기초과학이 이룬 성과에서 비롯했다는 것도 사실이다. 이런 발전에 쓰인 기초연구는 한때 모두 '쓸모없는' 것이었다. 셸던의 전자기약이론 연구가 언젠가 어떤 기술을 개발하는 데도 쓰이지 않는다고 누가 말할 수 있겠는가? 설령 그 연구가 전혀 유용하게 쓰이지 못한다고 할지라도 자연이 작동하는 방식의 장엄함과 힘을 이해하는 일은 인류가 이룰 수 있는 매우 중요한 성취다. 역설적이게도 모든 인류의 문명에서 가장 중요한 발상은 종종 처음에는 전혀 쓸모없는 양 보이곤 한다.

낙관도 비관도 하지 않는다

><

우리가 사실은 어떤 첨단 시뮬레이션 속에 살며 실제로는 어떤 일도 하지 않는다는 이론을 어떻게 생각하나요?

아니죠. 우리가 시뮬레이션이라곤 보지 않아요. 그건 과학소설의 영역이죠. 그런 한편 난 컴퓨터가 체커 게임에서 처음으로 사람을 이기기 시작했을 때 놀랐어요. 그래도 체스에서는 절대 못 이기리라고 생각했지요. 그런데 체스에서 쉽게 이길 수 있다는 걸 보여줬죠. 그때도 바둑에서는 절대로 못 이긴다고 장담했거든요. 그런데 최고의 바둑 기사까지도 이겼지요. 그러니 컴퓨터의 기능이 계속 발전하고 있다는 데는 의문의 여지가 없어요. 컴퓨터가 의식을 갖추고 우리보다 더 영리해질지도 모른다고 느끼는 사람이 있죠.

정말 컴퓨터가 의식을 갖춘다면, 그럴 수도 있어요. 그런 일이 일어날까요? 내 느낌에는 아닐 거 같아요.

셸던은 인공지능에 인간이 쉽게 따라잡히거나 이미 조종당하고 있다는 식의 가설에는 별로 자리를 내주지 않는다. 그러나 인류의 미래를 막연히 낙관하는 것 또한 아니다. 셸던은 시종 유쾌했지만 이어진 질문에 대한 그의 대답은 과학자가 인류에게 보내는 엄중한 경고처럼 들렸다.

탐사선 보이저호에는 황금 디스크가 실려 있습니다. 재생기도 함께 실어서 외계인이 들어볼 수 있도록 준비한 음반이지요. 칼 세이건은 나사를 설득해서 행성 지구의 소리를 담은 이 음반을 탐사선에 싣도록 했습니다. 이 음반은 수명이 10억 년은 되도록 만들었으니까 일종의 타임캡슐이지요. 10억 년 뒤에 열 타임캡슐을 만든다면, 그 안에 무엇을 담고 싶은가요?

인류 사회가 최소한 1000년은 더 유지되기를 바랍니다. 하지만 그렇게 되리라고 낙관하진 않아요. 명백한 위협이 너무 많아요. 종은 결국 멸종할 때까지 하나씩 죽어갑니다. 우리 종이 멸종하지 않으리라고 생각할 이유는 전혀 없죠. 심지어 우리는 핵무기도 있는 데다가 엄청난 실험을 벌이는 통에 멸망을 재촉하고 있죠. 그 실험은 바로 지구의 화석연료를 모두 파내어 태우면 어떤 일이 벌어지는지 보는 실험입니다. 요즘 일어나는 일을 보면 10억 년은커녕 1만 년 뒤에 과연 인류가 살아 있을까 하는 의구심을 품게 돼요. 어쩌면 1000년도 어려울 수 있어요.

때로 그 단순한 답을 찾아낼 수 없을 때가 있다.
그때는 세상의 그런 모호하고
수수께끼 같은 측면을 즐기면 그만이다.

마크 에드워즈, 「마지막 방문」

전자기약이론

자연에서 발견한 아름다운 합치

피터 파커와 스파이더맨은 언뜻 보면 다른 사람처럼 보이지만, 더 자세히 살펴보면 사실 같은 사람이다. 마찬가지로 글래쇼, 살람, 와인버그의 이 연구는 자연의 전혀 다른 두 힘이 실제로는 같은 동전의 양면임을 이해하는 데 기여했다. 전자기력과 약한 핵력을 통합한 것이다. 그들은 초기 우주의 아주 높은 에너지나 온도에서는 이 두 힘이 사실상 하나였으며, 그 뒤에 둘로 나뉘어 온도가 상대적으로 낮은 오늘날에는 별도의 힘으로 존재한다는 것을 보여주었다. 이는 물리학자들이 통일unification이라고 부르는 것의 한 예다. 서로 별개인 듯 보이는 것들을 가져와서 꼼꼼한 수학적 분석을 통해 사실상 동일함을 밝히는 것이다. 현대 물리학은 자연계에 존재하는 모든 힘은 네 가지로 분류할 수 있다고 말한다. 바로 약한 핵력, 핵력, 전자기력과 중력이다. 이 중에서 두 가지가 원래 하나였음을 입증한 그들의 연구는 과학계를 뒤흔들었다.

'최종이론'이란 이 세상의 모든 자연법칙을 설명할 수 있는 하나의 원리를 뜻한다. 최종이론을 발견하는 것은 수많은 물리학자의 궁극적인 꿈이다. 알베르트 아인슈타인도 이 이론을 내놓으려고 갖은 애를 썼지만 성공하지 못했다. 그런데 글래쇼, 살람, 와인버그의 연구가 최종이론으로 향하는 중요한 한 걸음을 뗀 것이다. 최종이론이 입증된다면 자연의 모든 상호작용이 한 근본적인 힘의 서로 다른 표현 형태일 뿐이라고 기술하는 방정식이 나올 수 있다. 1860년대에 제임스 클러크 맥스웰James Clerk Maxwell은 전기와 자기가 실제로는 한 힘의 두 측면임을 보여주었고, 그래서 지금은 전자기라고 부른다. 그 후 글래쇼, 살람, 와인버그는 약한 핵력도 그 힘의 또 다른 표현임을 보여주었다. 물리학자들이 전기와 자기 그리고 약한 핵력이라는 서로 다르게 측정되는 세 가지 힘을 이제 통합한 것이다. 다음 과정은 이 힘들을 중력과 통합하는 것이다. 아직까지 이 목표에 이르는 길은 요원하다. 그러나 이 목표는 여러 세대의 물리학자를 이끌었으며, 셸던 글래쇼 같은 과학자의 발자취를 따르려는 많은 이를 계속 끌어들이고 있다.

어떻게 참을 아는가

과학적 방법에 대하여

물리학자에게 인생을 살아가는 방법을 배우기로 했다면, 놓치지 말아야 할 기술이 하나 있다. 바로 '과학적 방법scientific method'이다. 현대 문명에서 어떤 발상이 지식이 되기까지는 거의 이 방법을 거쳤다. 될 수 있으면 다양한 분야의 전문가가 비슷한 결론에 다다라 합의에 도달하는 것이야말로 과학이 훌륭히 수행되었다는 징표다. 과학적 방법을 적절히 거친 결론은 종교에서처럼 어느 한 사람의 강력한 권위나 대중문화에서처럼 어떤 의견의 대중적 인기에 영향을 받지 않고, 정치적인 영향력도 무의미하다. 되도록 여러 전문가가 검증해 비슷한 결과를 내고 반증할 수 없는 주장만이 이론으로 인정받을 수 있다.

과학적 방법은 두 가지다. 먼저 연역적추론이 있다. 아주 일반적인 관점에서 시작하여 더 구체적인 것으로 나아가는 과정으로, 하향식접근법이라고도 한다. 연역적추론으로 접근할 때는 먼저 더 상세히 탐구하고자 하는 이론을 떠올리는 것으로 시작한다. 거기서 기존 관찰과 자료 또는 제시된 증거에 비추어 검증할 수 있는 더 구체적인 가설로 나아간다. 증거로 가설을 입증하거나 반증하는데, 그것이 연역적추론 과정의 마지막 단계다.

귀납적추론은 정반대로 진행된다. 귀납적추론은 어느 정도 관찰하여 파악한 양식을 설명할 가설을 세움으로써, 관찰이나 일부 자료에서 시작하여 일반화로 나아간다. 일단 임시 가설을 세우면 거기에서 이론으로 나아갈 수 있다. 연역적추론과 귀납적추론은 똑같이 타당하다. 단지 가설과 관찰 중에서 어느 쪽이 먼저냐의 차이일 뿐이다.

따라서 이론은 추측이나 가정과는 다르다. 흔히 사람들은 이렇게 말하곤 한다. "그건 네 이론일 뿐이지." 그러나 과학에서 이론은 아주 강력한 무엇을 가리킨다. 그러니까 아인슈타인의 일반상대성이론처럼 이론이란 검증과 확인을 거친 것을 의미한다. 상대성이론은 이론 중에서도 가장 검증이 잘된 것에 속한다.

연역적추론과 귀납적추론 모두 궁극적 목표는 과학 공동체의 합의를 끌어내는 것이다. 그 누구도 과학 진리를 홀로 온전히 이해할 만큼 명

'과학적 방법'이라고 널리 받아들여진 단일한 정의는 없지만, 흔히 채택되는 두 가지 판본이 여기 나와 있다. 연역법(왼쪽)은 일반적인 것에서 구체적인 것으로, 이론에서 시작해서 포괄적인 가설로 나아가는 하향 경로를 따른다. 관측자와 광원 사이에 태양 같은 무거운 천체가 있을 때 중력렌즈 효과로 별빛이 휘어진다는 예측이 그렇다. 이 현상은 알베르트 아인슈타인이 1915년 일반상대성이론으로 예측했으며, 1919년 아서 에딩턴이 개기일식 때 관측했다. 귀납법(오른쪽)은 관찰에서 시작하여 결론적인 모형이나 최종 설명 이론으로 나아가는 상향 경로를 따른다. 펜지어스와 윌슨이 우주배경복사를 우연히 관측한 것에서 시작하여 빅뱅이 우주 생성의 주된 패러다임으로 자리를 잡은 것이 한 예다.

석하지 않다. 엉뚱한 방향에서 헤매지 않으려면 서로의 생각을 검증해

줄 과학적 공동체의 존재가 필수적이다.

　과학 논쟁이 벌어지면 서로 주장을 무너뜨리고자 끊임없이 논박

하는데, 그 과정은 어느 정도 적대적일 수밖에 없지만 실은 그렇기에 결

국 해소되고 합의점에 도달하곤 한다. 일례로 1960년대부터 물리학계

를 달구었던 빅뱅이론과 그 대안인 정상우주론을 둘러싼 긴 논쟁은 비교

적 최근에 이르러서야 정상우주론이 틀렸다는 방향으로 합의가 이루어

지고 있다. 왜 빅뱅이론이 옳다고 말하는 대신 정상우주론이 아마 틀렸

을 거라고 말하느냐고? 한 가지 분명히 말해두자면, 물리학에서는 무엇

인가가 옳다는 것을 절대로 증명할 수 없다. 물리학에서 할 수 있는 것은

거의 확실히 틀렸다고 말할 수 있는 수준까지 반증하는 것이다. 이 차이

는 아주 중요하다. 아무리 뛰어난 발상을 제시했고, 그 발상을 뒷받침해

주는 증거가 있다고 해도 반증을 시도할 방법이 없다면 물리학의 세계에

서는 의미가 없고, 유효한 이론이나 지식이 될 수 없다. 이는 과학적으로

타당하지 않을 가능성이 크기 때문이다. 과학적 방법 앞에서는 흥미로운

발상 하나만으로는 버텨낼 수가 없다. 예를 들어, 우리는 다중우주가 존

재함을 증명할 수 있을지는 몰라도 결코 반증할 수는 없다. 누구든 이렇

게 말할 수 있을 것이다. "다중우주에 다른 우주가 있어도, 너무 멀리 떨

어져 있어서 보지 못할 거야." 그 말은 다중우주론이 틀렸다고 증명할 수 없다는 뜻이지만, 동시에 옳다고도 증명할 수 없다는 뜻이기도 하다.

과학적 합의가 적절하게 이루어진 대표적인 사례가 지구온난화 이론이다. 인류가 지구온난화를 일으킨다는 이론은 너무나 많은 다양한 각도에서 같은 결론에 다다랐다. 해양학, 고기후학, 지질학, 식물학 등 서로 다른 분야의 연구자가 내놓은 증거가 인류가 지구를 덥히고 있다는 이론을 뒷받침한다.

과학은 합의를 통해 이루어진다. 합의는 거의 무한한 검증과 비판을 통해서만 다다를 수 있다. 과학 분야의 연구자라면 비판을 제기하는 이를 신뢰해야 할 뿐 아니라 그들이 필요하다는 사실을 받아들여야 한다. 쏟아지는 비판을 하나하나 받아내면서 연구자는 더 정교하고 창의적으로 생각할 여지가 생기고 연구는 점차 견고해진다. 과학적 방법은 우리에게 자신의 선입견에 의문을 품고, 비판을 추구하고, 더 원대한 목표를 떠올리면서 덜 방어적인 태도를 보이라고 가르친다. 그것이 모든 과학적 연구의 토대다. 나는 그것이 매우 아름답다고 생각한다.

4장

가르치는 것이 곧 영향력이다

하지만 그 순간에 도달하기 전까지는 드러나지 않아요.
그 모든 막막한 고민들이 올바른 방향으로 가도록
뇌를 준비시키고 있었다는 것을요.

칼 위먼
2001년 노벨물리학상 수상자

칼 위먼Carl Wieman은 자신이 잘 아는 것에 만족하지 않는 사람이다. 그는 스탠퍼드대학교 물리학과와 스탠퍼드교육대학원에서 동시에 교수로 재직하고 있으며, 스탠퍼드 공학대학에서도 겸임 교수로 활동한다. 2001년 칼은 에릭 코넬Eric Allin Cornell, 볼프강 케테를레Wolfgang Ketterle를 비롯한 연구진과 함께 "알칼리원자의 희석 기체에서 보스·아인슈타인응축과 응축물 특성 분야의 초기 기초연구를 한 공로로" 노벨상을 받았다. 직함에서 보이듯 칼의 관심사는 물리학 연구에 그치지 않는다. 중학교 1학년 때의 과학 선생님을 인생에서 만난 가장 중요한 사람 중 하나로 꼽는 그는 더 많은 이가 과학을 깊이 이해하고 즐기도록 대학

교육을 혁신하는 것을 사명으로 삼아왔다. 칼은 2020년 교육 연구와 혁신에 기여한 이에게 수상하는 이단상Yidan Prize 을 받았다.

그날 우리는 칼이 교수가 가르치고 학생이 배우는 방식을 혁신하고자 어떻게 노력해 왔는지 이야기하려고 만났다. 대화를 시작하자마자 내가 첫 번째로 던진 질문은 이것이었다. "누가 '좋은 소식도 있고 나쁜 소식도 있어'라고 말한다면, 어느 쪽을 먼저 듣고 싶습니까?" 칼은 망설임 없이 나쁜 소식부터 듣고 싶다고 대답했다. "긍정적인 반응보다 부정적인 반응에서 훨씬 많은 것을 배우니까요."

칼은 학습을 연구하는 데 꾸준히 몰두해 왔다. 대부분 물리학자는 연구자일 뿐 아니라 교육자와 지도자의 역할을 겸한다. 그리고 좋은 학생이 되지 않고서는 좋은 교육자와 지도자가 될 수 없다. 칼이 주장하듯이 물리학자가, 아니 경력의 어느 지점에 도달한 모든 사람이 가장 절실하게 배워야 할 것은 가르치는 법이다. 특히 교육 분야에 있는 사람은 더 효과적인 교수법을 익히고 실행할 때 큰 변화를 불러올 수 있다. 일을 단지 고되게 하는 대신 영리하게 하는 것이다.

칼이 실험실에서 자신이 썼던 바로 그 끈기와 명확한 목적의식을 교육 연구에 적용하는 모습은 지켜보는 이를 탄복하게 한다. 칼은 교육이 연구 과정과 다르지 않다는 것을 깨달았다. 양쪽 다 결국 문제를 해결하고자 힘써야 하며 새롭게 검증해야 할 특정한 가설을 수반한다. 그러므로 칼은 교사도 동시에 학생이 되어 교육의 전제를 다시 고민하고 새로운 방식을 배워야 한다고 주장한다. 나쁜 소식은 칼에 따르면 현재 미국의 교육 체제는 그 역할을 해내지 못할 뿐만 아니라 해롭기까지 하다는 것이다. 한편 좋은 소식도 있다. 좋은 교육이라고 해서 소모적인 교육보다 시간이 훨씬 더 많이 들지는 않는다는 것이다.

지금까지 해왔던 방식이라고 그게 맞는 것은 아니다

⪢⪡

교수도 가르치는 법을 배워야 할까요?

요즘 들어서는 더 명백해졌죠. 좋은 교사가 되고 싶다면 교습에 전문성을 갖춰야 합니다. 교육 이론을 어느 정도 알아야 하는데, 그러다 보면 기초적인 인지심리학도 익히게 됩니다. 더불어 다양한 학생이 모인 교실에서 그 이론을 적절히 실행하는 법도 알아야 해요. 대학을 운영한 것은 수천 년 전부터였지만, 과거에는 그런 연구가 거의 이뤄지지 않았죠. 그저 개인의 기량이라고만 여겼어요.

문제는 우리가 지금도 그 단계를 넘어서지 못했다는 거예요. 의학은 좋은 비유가 되죠. 현재 대학 교육이 직면한 상황은 1800년대 중후반에 의학이 부닥친 상황에 해당해요. 그 전에는 별 지식이 없이도 자신이 의사라며 이것저것 자기 생각대로 치료해 보곤 했죠. 내가 의사라고 말하면 그만이었습니다. 하지만 그 후 점차 과학적 의학이 등장했을 때도 연구를 통해 검증된 '더 나은 방법'이 엄연히 존재하는데도 자신의 괴팍한 방식을 고수하는 고집불통 의사가 꽤 있었어요. 한마디로 현재의 전형적인 대학교수는 항생제가 나왔는데도 치료한답시고 피나 뽑고 있는 의사와 같은 교육법을 고수하는 겁니다.

나 또한 이 주제에 관심이 많다. 이 글을 쓰는 현재까지 17년 넘게 세계 최고의 대학교 중 한 곳에서 교수로 있었는데도 비행 교관 자격증을 따려고 훈련받으면서야 처음으로 교육학 이론을 본격적으로 공부했기 때문이다.

미국연방항공국은 비행기에서 사람이 죽는 것을 예방하려면 비행 교관이 엔진이 갑작스럽게 멈추었을 때 비행기를 착륙시키는 법을 익히는 것만큼 매슬로욕구단계설을 이해하는 것이 중요하다고 강조했다. 그러고 보니 내가 학생을 교육하며 늘 흥미를 품었던 것도 그 지점이었다. 학습에서 인간의 심리가 하는 역할이 무엇일까? 학생이 무엇인가를 배우려면 먼저 채워져야 할 기초적인 욕구는 무엇일까?

남을 가르치려면 자신이 아는 것만으로는 부족하며 교육법을 따로 익혀야 한다는 칼의 말은 극히 상식적으로 들린다. 그러나 상당수의 물리학 분야 교수는 교수법을 따로 고민하지 않는다. 칼은 이런 현실을 바꾸고자 한다. 1000년 넘게 신성불가침으로 여겨진, 이른바 '강단 위의 현자'처럼 가르치는 전통적인 대학 교수법이 효과적이지 않을 뿐 아니라 위험할 만치 낡았다며 변화를 적극적으로 이끌고 있다.

칼 위먼이 대안으로 지지하는 것은 바로 '능동적 학습 Active Learning'이라는 교육법이다. 이는 강의는 최소화하고, 학생이 질문하고 참여하도록 유도하는 방식이다. 교육이란 뇌를 활성화하고 지식을 활용할 수 있게 하는 데 그 목적이 있는데, 강의와 시험 중심의 교육은 그 목적을 달성하기에 극히 비효율적인 방법이라는 것이다. 칼은 학생이 수업에서 최대한 얻어가고 성장할 수 있도록 교수가 새로운 교육법을 배워야 한다고 거듭 말한다. 그는 적어도 대학 교육 수준에서는 학생이 스스로 과제를 해결하고 교육자는 강사가 아니라 지도자 역할을 하는 능동적 학습을 해야 한다고 강력하게 설파해 왔다. 실제로 이런 주장은 이과계 고등교육에 큰 변화를 일으켰다. 칼은 지금까지 죽 해온 방식이라고 해서 오늘날에도 최선의 방식은 아닐 수 있다는 것을 강조한다. 칼의 이야기를 들으며 무슨 일을 하든 당연하고 편안한 것에 의문을 제기할 때 우리는 비로소 나아갈 수 있다는 진리를 되새긴다.

1만 시간 법칙이 불러일으킨 오해

✕

맬컴 글래드웰을 통해 유명해진 이른바 1만 시간 법칙을 어떻게 생각하나요? 이를테면 숙달된 비행 교관이 되려면 1만 시간을 비행해야 한다는 법칙 말입니다.

글래드웰은 교육심리학 연구를 개척한 앤더스 에릭슨Anders Ericsson의 연구를 바탕으로 말한 겁니다. 1만 시간은 임의의 수에 가깝지만 수천 시간은 필요하겠지요.

비행 교육에서는 절대 시간이 중요하기는 합니다. 다양한 시나리오에서 비행시간을 많이 쌓지 않으면 다양한 날씨, 지형, 큰 도시와 작은 마을의 다른 공역空域 그리고 낮과 밤 같은 일반 조건을 충분히 접할 수가 없어요.

말씀에 핵심이 있네요. 단순히 시간을 많이 쓰면 되는 게 아니라 적절한 과제를 수행하면서 시간을 써야 하는 겁니다. 늘 같은 날씨에 같은 장소를 비행한다면, 1만 시간을 쓰고서도 노련한 조종사가 되지 못하겠죠.

어떤 공부를 하든지 간에 시간의 양만으로는 우리의 학습 상태를 적절하게 측정할 수 없다. 조종사가 매번 똑같은 날씨에 똑같은 장소를 비행한다면 새로운 것을 배울 수 없듯이, 무슨 일을 해도 발전하려면 다양한 상황에서 시험하고 연습해야 한다. 의식적으로 조금 무리할 때 역량이 커진다. 타인을 교육하는 것 또한 마찬가지다. 교수법에 대한 지식과 이론을 쌓는 것뿐 아니라 가르치는 현장에서 계속해서 새로운 시도를 해야 한다. 사람은 자기 자신에게 도전하고 고통을 감수할 때 성장한다. 체육관에서든 교실에서든 직장에서든 간에 자기 자신을 익숙하고 편안한 영역 밖으로 몰아붙여야 한다. "난 영리하잖아, 잘할 거야." 이런 자세는 충만한 자신감일 수도 있지만 긍정적인 회피일 수도 있다. 긴 시간을 들여 그 직업의 다양한면을 배우고 현장에 적용해 보아야 한다. 다행히도 칼에 따르면(그리고 맬컴이 아니라 앤더스에 따르면) 1만 시간까지는 걸리지 않을 것이다. 하지만 달리다가 3루에서 멈춘다면 홈런으로 치지 않는다.

혁신은 정교한 모방에서 나온다

⋙⋘

창의성은 가르칠 수 있는 것일까요?

예술에서 보여주는 창의성이 아니라 과학에서 발휘하는 창의성을 얘기하는 거죠? 꽤 깊이 고민해 본 질문이에요. 관련 연구자들과도 많은 얘기를 나눴어요. 과학에서 창의적으로 생각한다는 것은 기본적으로 사람들이 어떤 상황이나 문제에서 어디를 보는지 살핀 다음 그들과 다르게 문제에 접근할 방법을 찾는 거예요. 완전히 새로운 뭔가를 제기하는 게 아닙니다. 사람들이 이미 알긴 하지만 아직 적용하는 법을 이해하지 못한 걸 먼저 깨닫는 거죠.

우리가 과학에서 쓰는 표준 교육법이 창의성을 가르치는 데 효과가 없다고 주장하려는 게 아닙니다. 오히려 창의성을 기르는 걸 방해한다고 말하는 거예요. 정상적인 학습 과정에서 학생은 무언가를 배우고 시험을 쳐서 점수를 받죠. 평가의 척도는 언제나 이겁니다. "교사가 원하는 한 가지 정답을 내놓을 수 있는가?" 지금까지 아무도 풀지 못한 문제를 풀거나 아무도 해본 적이 없는 방식으로 생각하도록 가르치는 일과 정반대예요. 정규 학교 생활 내내 창의적인 시도를 했다가는 대가를 치르게 됩니다. 학생 때는 "교수진이 보고 싶어 하는 답을 구하라"라는 허들을 넘어야 졸업할 수 있어요. 그 끝에서 학생들이 살아가야 할 세상은 정답이라고는 없는 곳이죠. 어리석은 제도 아닌가요?

　실은 과학 분야에서 창의성을 발휘하는 것과 예술 창작 분야에서 창의적인 작품을 구상하는 것이 그다지 다르지는 않다. 과학뿐만이 아니다. 예술가가 창의성을 발휘하고자 훈련하는 방식은 거의 어떤 분야에서나 실력을 기르는 데 효과가 있다. 바로 대가의 작품을 재현하는 것이다. 그 방식이 창의성과 가장 거리가 멀다고 느낄지도 모르겠으나 화가가 「모나리자」나 모네의 「수련」을 모사하며 배우는 것은 단순한 기술이 아니다. 그 작품에 다가가고자 원작자가 무엇을 생각했을지, 어떤 자세로 붓을 잡고 어떤 의도로 색을 입혔는지 탐구해야 한다. 그렇게 예술가의 마음과 몸을 동시에 계발하며 창의성을 자극한다. 모방이 창의성의 원천이 된다니 언뜻 역설적이라 느낄 수 있지만, 거장이 했던 일을 각자의 차원에서 재현하려면 필연적으로 깊은 몰입과 도약을 요구받는다. 그처럼 난도 높은 과제에 도전한다면 더 빨리 자신만의 전문성에 도달할 수 있다.

막막한 그 순간 뇌는 일하고 있다

⋙

내가 받은 교육을 되돌아보면, 다양한 학습 경로와 전략을 취해보았지만 실제로 문제를 해결하고 지적으로 도약하는 계기로 이어진 경우는 일부에 불과해요. 왜 그런 일이 일어나는 것일까요?

인지심리학자가 그런 문제를 연구하는데, 개인적으로도 답을 알고 싶어요. 인지심리학자의 뇌 활성 연구는 견디고, 견디고, 또 견디다 보면 갑자기 도약이 일어나는 게 아니란 걸 보여줍니다. 발전하고, 발전하고, 또 발전하다가 보면 어느 순간 갑자기 그 양상이 확실해지는 거죠. 우리 뇌에서 꾸준히 처리를 진행하다가 마침내 문이 열리는 지점에 도달하는 거예요. 하지만 그 문에 도달하기 전까지는 드러나질 않아요. 그 모든 막막한 고민이 올바른 방향으로 가도록 뇌를 준비하고 연결하게 하고 있었다는 게요. 그런 다음에 마지막 고리를 완성하는 겁니다. 이 점을 염두에 두는 게 중요해요. "그냥 기다리면 큰 도약이 일어나겠지." 그건 아니에요. 우리 뇌는 고민하는 한 계속 움직여요. 움직일 수밖에 없죠. 과제가 어렵고 일의 실마리가 잘 보이지 않으면 사람들은 이렇게 생각하죠. "아무리 애써도 조금도 진척이 없잖아." 특히 학생들은 처음 어려운 걸 배울 때 으레 그런 좌절감을 겪죠. 발전이 어떻게 이뤄지는지 잘 모르니까 쉽게 낙심할 수 있어요. 하지만 실은 그때도 진척이 일어나고 있어요. 드디어 큰 돌파구에 도달했을 때 그 과정을 되돌아보며 깨달아야 합니다. "내가 무의미하다고 생각했던 그 모든 노력이 실은 무의미하지 않았구나."

칼의 말을 들으며 깊은 위안을 받았다. 때로 우리는 천재적인 영감이 번개처럼 내리치기를 그저 기다리는 수밖에 없다고 착각한다. 그러나 실제로는 영감이 불현듯 찾아오는 것이 아니라, 밤낮없이 노력한 끝에 자신도 모르는 사이 영감을 불러내는 것이다. 되도록 넓은 면적을 깨끗이 닦아두면 지나가던 위대한 착상이 달라붙을 가능성이 커지지 않겠는가. 우리가 전업 학생이든 직장에서 업무를 배우든 취미나 부업을 익히든 마찬가지다. 진정한 학습은 원래 어렵다. 그것은 주의와 집중을 요구한다. 무엇이든 쉽게 익히는 편이었다면 오히려 더 그럴 수 있다. 필요한 일을 어떻게든 해치우기는 했으나 자신이 어떻게 발전해 나갔는지 스스로 평가할 줄 몰랐던 사람도 마찬가지다. 우리는 결과를 과정과 동일시하는 경향이 있다. 그러나 학습은 그런 식으로 이루어지지 않는다. 우리의 지성은 돌파구에 이르기까지 모든 단계에서 성장한다. 언뜻 볼 때 결과가 비슷해 보인다고 해도 어떻게 배웠느냐에 따라 성장의 정도는 다르다. 막막함을 견디며 버거운 과제에 몰입한다는 것이 쉽지는 않지만, 그 끝에 새로운 지평이 열린다면 치를 수 없는 값도 아니다. 스트레칭할 때 닿기 힘든 곳까지 몸을 뻗는 순간 근육이 자란다고 한다. 지적 근육 또한 새롭고 낯설고 조금 불편한 시도를 통해 자란다.

진정한 유산은 무엇인가

∞

칼은 월계관을 쓴 채 안주하면서 농담 따먹기나 해도 될 만큼 드높은 성취를 이루었다. 그 같은 인물이 남을 가르칠 뿐 아니라 가르치는 법을 배우고 전하고자 아낌없이 시간을 쓰며 헌신한다는 사실을 떠올릴 때마다 더 나은 물리학자뿐 아니라 더 나은 교사가 되어 내가 가르쳐야 할 모든 이를 돕고 싶다는 의지가 단단해진다. 고등학교 때 톰킨스 선생님은 늘 '교육하다educate'라는 단어의 어원은 주입한다는 의미가 아니라고 했다. 그 어원인 라틴어 'educare'는 안에서 끌어낸다는 뜻이다. 칼은 내가 나 자신뿐만 아니라 내 학생들과 아이들에게서도 최고의 것을 끌어내게끔 자극한다.

능동적으로 배울 줄 알고, 또 그렇게 가르칠 줄 알 때 삶이 더 유의미해질 뿐 아니라 더 유능하고 즐겁게 살아갈 수 있다. 우리는 모두 누군가를 가르치며 살아가는 까닭이다. 직장에서 후배를 가르치든 부모가 되어 자식을 가르치든 소비자에게 정보를 전하든 누구나 삶의 어느 지점에서는 타인을 가르쳐야 하는 상황에 부닥친다. 그때 가르치는 이에게 영감을 주고 능동적으로 생각하게 할 수 있다면 자기 영향력을 키울 수 있는 동시에 삶도 풍요로워진다. 더불어 가르치는 행위에는 단지 그 자체의 만족만 있는 것이 아니다. 우리가 읽은 것은 일부만 기억나지만, 우리가 가르친 것은 훨씬 더 많은 부분이 머릿속에 남는다고 한다. 그것이 바로 가르치는 일이 교사에게 주는 은밀한 보상이다.

학자는 본업이 따로 있다고 믿기 쉽다. 물리학자라면 연구에 몰입하는 것으로 충분하다고 생각하는 식이다. 그러나 진짜 변화를 부르는 돌파구는 때로 의외의 곳에 있다. 연구 경쟁이 치열한 물리학계에서 남보다 앞서 논문을 발표하려고 발버둥치는 대신 후학을 더 효과적으로 키워낼 방법을 모색하는 칼 위먼의 삶은 세상을 변화시키는 지혜와 거시적인 관점이 무엇인지 보여준다. 칼은 당장 나에게 중요한 질문 하나에 답하기보다 오히려 더 큰 변화를 이끌기로 한 것이다.

때로 우리는 천재적인 영감이 번개처럼 내리치기를
그저 기다리는 수밖에 없다고 착각한다.
그러나 실제로는 영감이 불현듯 찾아오는 것이 아니라
밤낮없이 노력한 끝에 자신도 모르는 사이
영감을 불러내는 것이다.

마크 에드워즈, 「여전히 빨간 풍선을 좇는 빨간 목도리」

노벨 아이디어

보스·아인슈타인응축
저렴한 레이저 하나로 발견한 제4의 물질

1924년 고대부터 알려진 물질의 세 가지 상태인 고체, 액체, 기체 외에 하나의 물질이 더 있다는 가설을 내세운 사람이 있었다. 바로 인도의 물리학자 사티엔드라 나트 보스와 다름 아닌 알베르트 아인슈타인이다. 그들은 특정한 유형의 원자를 영하 273.15도의 절대온도로 냉각한다면 그 원자들이 서로 모여 하나의 커다란 응축물처럼 행동할 것으로 예측했다. 칼 위먼과 동료 수상자들은 그것이 그저 이론이 아니라 실제임을 1995년 실험으로 증명했다.

이 이론을 입증하려면 먼저 절대온도에 가까울 정도까지 냉각할 수 있는 기술이 필요했는데, 그런 기술이 개발된 것은 거의 70년이 지난 후였다. 모두 육중하고 값비싼 장비를 사용하던 때였으나, 칼 위먼은 CD

를 만드는 데 사용하는 200달러짜리 다이오드레이저를 사용해 절대온도와 가까운 온도에 이르는 데 성공했다. 칼 위먼과 에릭 코넬은 그렇게 2000개의 루비듐 원자를 냉각해서 원자들이 서로 응축한 뒤 하나의 원자처럼 행동하는 것을 확인했다. 그들의 연구는 원자와 분자를 연구하는 데 더 폭넓게 적용되며, 원자 레이저와 원자시계 등을 만드는 데도 활용되고 있다.

5장

있는 것을 갖고 하라

어느 선에 이르면 우리가 안다는 건
증명과 상관없어지는 거죠.
우리의 생각하는 능력,
의식적으로 지각하는 능력에
알고리즘을 초월하는 뭔가가 있는 게 아닐까요?

로저 펜로즈
2020년 노벨물리학상 수상자

로저 펜로즈Roger Penrose는 그 다재다능함이 고전 시대의 그리스 학자를 연상하게 한다. 로저는 노벨물리학상을 탄 물리학자이지만 수학자이자 철학자이기도 하며, 빼어난 책을 몇 권 썼고, 심지어 예술적 재능조차 뛰어나다. 1989년에 출간된 그의 저서 『황제의 새 마음』은 의식과 양자역학을 탐구한 책인데, 젊은 시절의 내게 지대한 영향을 미쳤을 뿐 아니라 내가 대중 과학책을 쓰기로 마음먹은 부분적인 이유이기도 하다(로저 펜로즈가 내 전작 『노벨상을 놓치다』에 추천사를 써주었다는 사실도 무척 짜릿했다). 현재 로저는 옥스퍼드대학교 수학 명예교수이며, 그 외에도 많은 직함이 있다. 로저는 1960년대 그의 팀과 함께했던 연구로 2020년에 이르러 "블랙홀이 일반상대성이론의 강력한 예측임을 발견한 공로로" 노벨물리학상을 받았다.

로저 펜로즈는 호기심이 왕성할 뿐 아니라 생물학에서 블랙홀과 인간의 의식에 이르기까지 모든 것에 흥미가 있어 보인다. 일견 모두 비슷하게 심오하고 이론적인 주제로 보일 수도 있지만, 학자로서 보면 공통점이라고는 없을 정도로 완전히 구분되는 분야다. 한 사람이 빅뱅 연구같이 철저히 이론적인 분야에서 뇌 연구처럼 응용에 완전히 초점을 맞춘 분야까지 오간다는 사실에 나는 탄복을 금할 수 없다. 심지어 로저는 이 모든 영역에서 성공을 거두어왔다.

대다수 사람은 깊게 또는 넓게 연구한다. 로저의 연구는 드물게도 깊고도 넓다. 탁월하고 일관된 성실성과 드넓은 상상력을 갖춘 데다가 건강하게 장수하고 있어서 이룰 수 있었던 일이다. 로저는 2020년 노벨상을 받을 때 여든아홉 살이었으며 지금도 기운도 넘친다. 로저가 이처럼 풍성한 삶을 살았던 데는 아무래도 다른 이유가 하나 있는 것 같다. 로저는 좀처럼 포기하지 않는다. 다른 이가 로저의 발상은 가능성의 끝자락에나 머물 거라고 평가할 때도 그렇다. 로저는 자신의 호기심과 열정이 이끄는 곳으로 거침없이 따라갈 줄 알 만큼 독보적인 자기 결정력이 있는 사람이다. 설령 그 길이 주류 이론을 거스르는, 누구도 좀처럼 가지 않는 길이라고 해도 말이다.

완벽함은 탁월함의 적이다

예전에 공학에서 일어난 혁신이 단순한 발명이 아니라 영속적인 진리의 발견이 될 수도 있다고 쓴 것을 본 적이 있어요. 마치 위대한 예술 작품처럼 말이지요. 수학에 대해서도 같은 입장인가요?

수학자는 저 바깥에 있는 어떤 세계를 탐사하고 있다는 느낌을 강하게 받곤 해요. 그 세계에 있는 이것저것을 발견하면서요. 그 세계가 아름답게 잘 돌아간다면, 저 바깥에 자신이 통제할 수 없는 무언가가 있다는 의미가 되고, 자신이 하는 일은 탐사에 훨씬 가까운 무언가가 되지요. 물리학을 배우면 배울수록 우린 물리 세계가 방정식과 기하학 개념의 통제를 받는다는 걸 더욱더 깨닫게 돼요. 그걸 수학으로 환원하면 그 수학은 물리 세계가 작동하는 방식을 대단히 정밀하게 기술하고 이해할 수 있게 해주죠.

로저는 블랙홀, 빅뱅, 특이점에 대해 더 알고 싶었지만 직접 경험하거나 관찰할 수는 없었다. 그런 것들을 만나게 해줄 완벽한 도구가 나오기를 기다리는 대신에 불완전한 근사법, 즉 수학을 써서 이 현상을 이해할 길을 찾고자 애썼다. 그리고 노벨상을 받을 만큼 충분한 업적을 남겼다. 수학이나 미술처럼 추상적인, 따라서 불완전한 도구라도 우리가 세계를 파악하도록 도울 수 있다. 완벽한 도구가 없다는 것이 목표를 가로막는 걸림돌이 되도록 놓아두지 말자. 인내하며 지금 내 손에 있는 다른 수단을 써서 꾸준히 시도해 보자. 설령 결승선에 다다르지 못해도 내가 생각한 것보다 더 가까이 다가갈 수 있다. 완벽함은 탁월함의 적이다.

의견이 다른 사람과 일할 때 둘 다 강해진다

✂

호킹 박사가 당신이 한 강연의 핵심을 친구에게 전해 듣고 거기서 추가적인 구상을 했다고 들었습니다. 서로의 연구가 조화롭게 엮이는 순수한 협력이었다고 할 수 있을까요?

내가 제시한 논증을 호킹이 훨씬 더 멀리까지 끌고 나갔고, 그 뒤에 우린 함께 논문을 썼어요. 호킹이 하던 일, 그 뒤에 그가 한 블랙홀 연구에 내 연구가 큰 영향을 미친 것은 분명해요. 난 호킹이 일반상대성이론 쪽으로 누구보다도 최고의 연구를 한다고 생각했죠. 그런데 거기서 멈추지 않고 끈이론 같은 것에 너무 영향을 받기 시작했어요. 호킹은 블랙홀과 화이트홀이 같다고 주장하곤 했는데, 내 생각엔 조금 터무니없어 보였어요. 호킹은 시공간이 다소 관찰자 의존적 개념이라고 생각했는데, 내 생각과 달랐죠. 그래서 우린 갈라졌어요. 확실히 이런 견해 차이가 내게 무척 가치 있었어요. 더 치열하게 궁리해야 했고, 내 생각 또한 방향이 더 분명해졌으니까요.

스티븐 호킹은 여러 면에서 로저 펜로즈의 경쟁자였
지만, 두 사람은 매우 생산적인 경쟁 관계를 맺으며 과학
계에서 대표적인 모범 사례가 되었다. 그들은 각각 우주
론 분야뿐만 아니라 학계 전체를 두고 봐도 가장 뿌리 깊
은 맞수로 경쟁해 온 두 대학인 옥스퍼드와 케임브리지에
속했지만, 학문을 추구하는 데 그런 사실은 전혀 문제가
되지 않았다. 호킹이 2018년에 세상을 떠나지 않았다면,
로저 펜로즈와 노벨상을 공동 수상했으리라고 믿는 이도
있다. 로저가 말했듯 두 사람의 견해는 점차 달라졌으나
두 사람은 그 후에도 서로 상대에게 배우기를 주저하지
않았다. 이 경쟁자들은 서로 지적으로 보완하고 자극했으
며 그 결과 놀라운 발전을 이루어냈기에 영구히 한 묶음
으로 여겨질 것이다.

호킹과 펜로즈가 보여주듯 두 협력자 사이의 대화는
그들의 의견이 서로 다를 때 더 의미 있는 결과를 낳을 수
있다. 상대를 존중하는 만큼 그의 주장을 이해하려고 성
실하게 노력하게 되며, 그때 자기 주장 또한 비판적으로
바라볼 수 있게 된다. 내 생각이 틀렸을 가능성을 진지하

게 받아들일 때 오히려 내 관점을 더 깊이 이해하게 되며 변호할 힘도 강해진다.

우리는 알고리즘이 아니다

✖

당신은 인간의 의식에 관해서도 깊이 연구했습니다. 의과학자와 협력해 양자의식 가설을 제창하기도 했고요. 예전에 과학 이론은 세 가지로 분류할 수 있다고도 했지요. 빼어나거나 쓸모 있거나 아니면 아직 시험적이라고요. 인간 의식의 이론은 빼어난 축인가요, 아니면 쓸모 있는 편인가요?

분류하기엔 아직 우리가 아는 게 너무 적죠. 다만 내가 논할 수 있는 게 있다면 인간의 이해력에 대한 거예요. 괴델의 불완전성정리나 튜링의 튜링머신에 대해 고심하다가 인간의 이해력은 컴퓨터 계산과 분명히 다르다고 믿게 됐어요. 많은 사람이 이런 제 생각을 반박하죠. 무척 놀라운 컴퓨터가 있고, 실제로 경이로운 일을 해내니까요. 그렇다고 해도 컴퓨터는 알고리즘을 토대로 작동하는 기계죠. 튜링은 알고리즘이 뭔지, 계산이 뭔지 분명하게 밝혀냈어요. 그리고 괴델의 정리도 우리 이해가 계산과 다르다는 걸 보여줍니다. 그 정리가 말하는 건 수학적 증명을 파고들면 결국 더는 증명할 수 없는 명제들이 나온다는 거예요. 그런데 우린 그 명제가 분명히 참이라고 느껴요. 어느 선에 이르면 우리가 안다는 건 증명과 상관없어지는 거죠. 우리의 생각하는 능력, 의식적으로 지각하는 능력에 알고리즘을 초월하는 뭔가가 있는 게 아닐까요? 그때 또 나오는 반박은 그처럼 증명할 수 없을 듯이 보이는 판단을 할 때도 인간은 알고리즘을 사용하지만 너무나 복잡해서 우리가 확인할 수 없다는 겁니다. 그렇다고 쳐요. 하지만 인간이 그 증명할 수 없을 것처럼 보이는 명제를 어째서 참이라고 느끼게 된 걸까요? 자연선택을 통해서죠. 인간의 의식은 그처럼 단순하고 직관적인 인식을 강화하는 방향으로 발달해 왔다고 생각해요. 컴퓨터를 동원해야만 참인지 거짓인지 증명할 수 있는 극히 복잡한 것을 이해하는 쪽이 아니죠. 좀 더 기본적인 이해의 원리가 발달하는 방향으로 자연선택이 일어났다고 봐요. 그 기본적인 원리가 뭔지는 나도 모르겠어요. 단지 알 수 있는 건 그 원리가 알고리즘처럼 같은 틀에서 무수하게 시도해 보고 귀납적으로 결정하는 게 아니라 알고리즘이 왜 그렇게 작동하는지 깨닫는 거에 가깝다는 거예요.

로저 펜로즈는 대표적인 수리물리학자이지만 벌써 수십 년째 인간의 의식과 물리학의 관계를 연구하고 집필해 왔다. 인공지능의 위협이 화제인 지금 로저는 여전히 컴퓨터가 어떤 면에서는 인간을 결코 따라잡을 수 없다고 본다. 인간에게 침해하기 어려운 복잡성이 존재하며, 인간만이 할 수 있는 일이 있다는 로저의 주장은 막연히 불안을 느끼는 우리에게 위로가 된다.

사람들은 로저 펜로즈와 스티븐 호킹의 경쟁과 협력 때문에 그들을 같은 맥락에 놓곤 한다. 그러나 두 사람을 건설적으로 비교하는 또 다른 방법이 있다. 두 학자 모두 다양한 분야를 연구했다는 점이다. 많은 과학자가 호킹을 이 분야에서 저 분야로 넘어가곤 하는 아마추어 애호가처럼 생각했다(찰스 세이프Charles Seife가 쓴 『스티븐 호킹: 과학적 명성 팔기Hawking Hawking: The Selling of a Scientific Celebrity』 참조).

우주론에서 끈이론으로 넘어간 것이 한 예다. 로저 펜로즈도 다양한 분야를 연구했지만, 그는 한 분야를 위해 절대 다른 분야를 포기한 적이 없다. 로저는 자신이 연구한 모든 분야와 계속 깊은 연관을 맺고 있었다. 로저의 연구는 그때도 지금도 깊은 동시에 넓다. 물리학과 수학은 물론 뇌과학까지 다양한 관점으로 바라본 덕분에 더욱 큰 혁신을 일굴 수 있었을 것이다. 여러 관점에서 공부할 때 우리는 세상을 더욱 깊이 이해하게 된다. 물론 각 관점을 철저히 탐구할 때만 그렇다.

다른 각도에서 볼 때만 보이는 돌파구가 있다

>×<

무엇이 당신의 그림에 영감을 주었나요? 그림을 그리려고 할 때 어떤 질문을 품고 시작하나요?

(질문은) 이것저것 있겠죠. 내 오래된 공책들에게는 그렇게 제멋대로 그린 그림이 가득해요. 보통 생각이 도무지 풀리지 않을 때 그림을 그리거든요. 가족 중 화가가 많은데 특히

삼촌이 유명한 초현실주의 화가였거든요. 저도 비슷한 결을 갖고 있다고 볼 수 있겠죠.

로저는 그림으로도 잘 알려져 있다. 보는 이를 매혹하는 로저의 신비한 그림 중 어떤 것들은 심지어 과학에도 기여했다. 비주기적 쪽매맞춤 타일, 위상학적으로 헷갈리게 하는 '펜로즈 계단'을 비롯하여 에스허르M. C. Escher의 작품을 연상하게 하는 자연에 존재할 수 없는 현상을 표현한 착시 그림이 대표적이다. 그러나 로저의 그림은 낙서에 그치지 않는다. 일부 그림은 특이점에 대한 이론을 비롯해 로저가 제시한 복잡한 수학적 증명을 직관적으로 전달하며 천체물리학적 세계관에 혁신을 일으키는 데 많은 도움을 주었다. 지적 다양성의 중요성을 보여주는 사례가 아닐 수 없다.

로저는 자신의 과학적 혁신이 미술 재능 덕분이라고 여기지 않지만, 많은 물리학자가 그 둘을 연관 짓는다. 일부 물리학자는 로저의 예술적 성취를 피타고라스와 같은 고대 그리스 학자가 이룬 것과 견줄 만하다고 말한다. 당시 학자들은 분야를 가리지 않고 성취를 이루었으며, 때로는 한 분야의 재능이 다른 분야의 돌파구로 이어졌다. 특히 피타고라스의 음악 탐구는 새로운 물리적·수학적 통찰로 이어졌다. 미술적 재능이 로저의 성과에 어떤 영향을 끼쳤는지 정확히 말할 수는 없다. 다만 한 매체나 분야에서 얻은 깨달음이 무관해 보이는 분야에 새로운 통찰을 가져다줄 가능성은 얼마든지 있다. 로저 펜로즈가 특이점을 측정하거나 관측할 도구가 없을 때 계속 연구하고자 추상 이론을 동원하고, 연구에서 막힐 때면 그림을 그리며 새로운 돌파구를 찾았듯 막다른 골목에는 지금 당장은 보이지 않는 의외의 우회로가 있을 수 있다. 일을 하다 막다른 길에 닿았을 때 잠깐 딴짓하며 문제를 바라보는 틀을 다시 짜봐야 하는 이유이다.

과거의 영광은 과거의 것이다

〉✕〈

지금 무엇이 당신을 가장 흥분하게 하나요?

대강 말하자면, 아주 먼 미래를 다음 시대의 빅뱅과 연관 짓는 미친 발상이에요. 이 생각에 따르면 우리 은하계의 빅뱅은 이전 시대의 먼 미래이고, 우리의 끝은 다음 빅뱅으로 이어진다는 거예요. 하나의 추정에 불과할 수도 있고, 그래서 내가 틀렸다고 입증할 방법도 없죠. 그런데 내가 이 착상을 떠올린 건 초질량 블랙홀들의 충돌이 우리 우주의 곡률에 영향을 미칠 만큼 강력한 신호를 생성할 수도 있다고 생각하면서였어요. 그런 일이 일어나면 물질에도 영향을 미칠 테고, 하늘에 고리가 생기는 걸 보게 될 겁니다. 그게 바로 지금 날 가장 흥분하게 하는 문제예요. 그 이론이 맞는지 아닌지 관측할 수 있기 때문이죠.

로저가 언급한 것은 우주가 빅뱅과 팽창의 주기를 끝없이 되풀이한다고 주장하는 등각순환우주론conformal cyclic cosmology이라는 이론으로 논쟁의 대상이다. 로저는 노벨상을 받았다고 해서 사람들이 자신이 말하는 모든 것을 무조건 신뢰하지는 않는다는 사실을 잘 안다. 결코 논박될 수가 없는, 따라서 자기 분야에서 최고의 상을 받은 뒤로 자긍심을 어느 정도 간직할 수 있게 해줄 안전한 주제를 연구하는 대신 로저는 많은 물리학자가 반신반의할 발상을 내놓고 다른 연구자들이 그 개념을 검증할 만한 방법을 제시하고자 연구하고 있다. 설사 그 검증이 회의론만 부추긴다고 할지라도 말이다. 로저는 한순간도 지난 업적의 영광을 되새기면서 무사안일하게 살아가려는 유혹에 빠진 적이 없다. 겸손하고도 용감한 사람만이 할 수 있는 선택이다. 그 정도로 나이가 들고 성취를 이루었다면 더욱 그렇다. 어느 분야에서 최고의 위치에 올랐다는 이유로 그 사람을 신뢰하는 일은 절대 하지 말라. 마찬가지로 자신이 자기 분야에서 최고의 위치에 있다는 이유로 특별 대우를 절대 기대하지 말라.

불완전한 도구라도 우리가 세계를 파악하도록 도울 수 있다.

설령 결승선에 다다르지 못해도 내가 생각한 것보다 더 가까이 다가갈 수 있다.

마크 에드워즈, 「열쇠를 기다리며」

노벨 아이디어

블랙홀 형성

50년 논쟁을 종결한 한 편의 논문

2020년 로저 펜로즈가 노벨상을 받은 것은 거의 40년 전, 1964년에 발표한 논문 덕분이었다. 그는 스티븐 호킹과 더불어 블랙홀이 어떻게 일반상대성이론의 결과로 발생하는지 수학적으로 논증했다. 1915년 독일 천체물리학자 카를 슈바르츠실트Karl Schwarzschild가 블랙홀의 가능성을 제기한 이래 일반상대성이론이 블랙홀을 입증하는지, 블랙홀 안에 시공간이 붕괴하는 특이점이 존재하는지는 오래도록 이어진 논쟁의 대상이었다. 1960년대 말 로저 펜로즈와 스티븐 호킹은 자기들의 논문으로 50년 논쟁을 마침내 종결했다. 특히 로저는 별이 수축한다면 필연적으로 특이점이 발생한다는 사실을 수학적으로 증명해 내 그 후 블랙홀은 학자들에게 가설이 아니라 실체로 받아들여졌다.

이 블랙홀 연구는 고도로 수학적이었다. 이 책에 실린 수상자의 모든 연구 중에서 가장 순수 수학에 가까울 것이다. 그렇긴 해도 로저 펜로즈의 증명 덕분에 물리학자들은 블랙홀 현상, 더 나아가 우주의 기원까지 이해하고 그럼으로써 일반상대성이론을 검증할 수 있었다. 로저는 우주에서 가장 수수께끼 같은 이 천체의 연구를 도울 수단으로 현재 '펜로즈 다이어그램'이라고 불리는 수학적 도표를 활용했다. 일반상대성이론에서 말하는 시공간의 인과적 구조를 표현한 이 다이어그램은 처음 나왔을 때 대단히 혁신적이었다. 나중에 로저는 '펜로즈 타일'을 구상할 때 다시금 예술적 재능을 발휘했다.

6장

나는 지금 내가 하는 일을 모른다

모든 연구는 사실 어느 한 개인이
홀로 내놓는 게 아니라
전반적으로 인정받으면서 종합되는 겁니다.
새로운 뭔가가 출현할 때,
그게 맥락에 놓이기까지는 시간이 좀 걸려요.

———————————————

덩컨 홀데인
2016년 노벨물리학상 수상자

연금술에 가까운 업적을 인정받고도 침착하게 일상으로 복귀했던 학자가 있다. 바로 프린스턴대학교 물리학 교수인 덩컨 홀데인Duncan Haldane이다. 2016년 덩컨은 데이비드 사울레스David Thouless, 마이클 코스털리츠Michael Kosterlitz와 함께 "물질의 위상학적 상전이와 위상학적 상의 이론적 발견을 한 공로로" 노벨물리학상을 받았다.

덩컨 홀데인은 여러모로 놀라운 인물이다. 특히 몹시 유쾌한 유머 감각과 가장 복잡한 문제도 놀이처럼 대하는 능력이 그렇다. 지적 호기심, 겸손, 인내심도 감탄스럽다. 덩컨은 이상한, 더 나아가 거의 기묘한 새로운 물질 형태의 가능성을 이해하려는 욕구에 깊이 이끌린다. 덩컨의 연구가 널리 인정받고 결국 노벨상을 받기까지는 수십 년이 걸렸지만, 그는 결코 그 연구를 포기하지 않았다. 그런 한편으로 덩컨은 절대로 자신이 옳다고 가정하지 않았고, 자기 천재성으로 물리학을 혁신하겠다는 식의 과신에도 빠지지 않았다. 실제로는 혁신을 일으켰지만 말이다. 노벨상 수상자로 선정되었다는 소식을 들은 바로 그날도 덩컨은 우리에게 진정으로 중요한 것이 무엇인지 되새기게 했다. 바로 일상으로 돌아가 학생을 가르치고 연구를 계속한 것이었다.

거리를 둬야만 보이는 것이 있다

><

당신의 연구가 나오자 여러 대학의 다양한 동료들이 연관된 새로운 발견을 하고 단서를 찾아냈지요? 연쇄 반응이 일어났어요.

모든 연구는 사실 어느 한 개인이 홀로 내놓는 게 아니라 전반적으로 인정받으면서 종합되는 겁니다. 새로운 뭔가가 출현할 때, 그게 맥락에 놓이기까지는 시간이 좀 걸려요. 내가 두 가지에 기여한 게 밝혀졌는데, 사실 그것들은 명백하게 드러나는 방식으로 연결되어 있지 않았어요. 나중에야 샤오강 원Xiao-Gang Wen의 연구를 통해서 연결 관계가 명확히 드러났지요.

덩컨의 연구를 보면 과학자가 궁극적으로 추구하는 것이 하나의 장엄한 태피스트리와 같다는 생각이 든다. 자신이 얼마나 기여했든 가까이 있을 때는 전반적인 무늬를 거의 식별할 수 없다. 아이를 키우거나 운동 팀을 이끌거나 초상화를 그리는 사람뿐 아니라 덩컨의 연구 분야인 이론적인 응집물질물리학의 연구자도 마찬가지다. 덩컨은 말 그대로 또는 비유적으로 적당히 거리를 둘 때야 무늬가 드러난다는 점을 깨달았다. 그때 비로소 자신이 이 찬란한 태피스트리에 실 한 가닥을 기여했을 뿐임을 알아볼 수 있다. 그리고 생각지도 않았던 것이 사실은 명백하게 연결되어 있었음이 드러날 수도 있다. 설령 자기 연구가 다른 이와 직접적으로 협력할 필요가 없다고 해도, 수 세기 전에 사망했거나 수십 년 뒤에 올 누군가와 알게 모르게 협력하고 있을 수도 있다. 이 태피스트리에는 끝이 없다.

어느 분야에서든 간에 우리는 모두 거인의 어깨에 서 있으며, 미래 세대에게 어깨를 제공한다. 우리는 자기 연구가 여러 해 뒤 누구를 어떻게 인도하게 될지 알지 못한다. 따라서 발표할 당시에는 자기 연구의 중요성을 제대로 이해할 수 없다. 덩컨의 이야기는 그런 모호함 속에서도 인내하며 연구에 매진하는 일이 얼마나 중요한지 상기시킨다. 그렇게 짜낸 실오라기를 누군가가 집어서 미래에 계속 이어나갈 수 있다. 그리함으로써 이은 실 한 가닥 한 가닥이 모두 대단히 중요하다고 믿어도 된다. 설령 자신이 그 실오라기를 계속 짜나갈 때 무슨 일이 일어날지 지금으로서는 알지 못해도 말이다. 결국 누구나 큰 흐름의 일부일 뿐이다. 내가 호기심을 느끼고 의미를 찾을 수 있는 일이라면 내가 끝을 보아야겠다는 강박도, 내 생애 안에 결론을 보고 싶다는 희망도 버린 채 그냥 하고 싶은 일을 하라. 그리고 자신이 넘겨받았듯 나머지 일은 후대에 넘기라.

합치려면 먼저 쪼갠다

><

당신이 노벨상을 받을 것이라는 소문이 들렸을 때가 기억나요. 이미 떼어놓은 당상이라고 말이지요.

떼어놓은 당상은 아니었다고 생각해요. 논란거리였어요. 이 상을 받을 수 있게 된 건 물리학자 찰리 케인Charlie Kane이 발전시킨 부분 때문이었거든요. 찰리는 내가 하지 않은 방향으로 내 연구를 더 밀고 나갔어요. 그리고 앤드루 버넘 베이컨Andrew Burnham Bacon과 쉬 장Xu Zhang 같은 이가 그 연구를 이어받았고요. 이런 일은 3단계를 걸쳐야 합니다. 첫째, 밑바탕에 깔린 추상적 원리를 찾아내야 해요. 그런 원리는 이해하기 어렵죠. 둘째, 장난감 모형toy-model(물리학에서 원리를 나타내고자 의도적으로 세부 사항을 생략하고 단순하게 만든 모형—옮긴이)을 만드는 중간 단계도 필요해요. 이때 모든 조각이 어떻게 들어맞는지 계산해 보는데, 예기치 않았던 걸 발견할 수도 있습니다. 마지막으로 세 번째 조각은 누군가가 실제로 그걸 물리적인 물질과 연결 짓는 거예요. 그때부터 본격적으로 화제가 되고, 마침내 실제 물질이 발견되면 모두 흥분하죠.

덩컨이 말하는 3단계는 물리학자에게도 유용하지만 여러분에게도 큰 도움이 될 만한 개념이다. 물리학자들은 이를 사고실험gedankenexperiment이라고 한다. 아인슈타인은 그런 실험의 대가였으며, 자신이 광속으로 달릴 수 있다면 세계가 어떻게 보일지 상상한 실험이 유명하다. 아인슈타인이 실제로 그런 실험을 할 수 있는 날이 올 때까지 기다렸다면, 우리는 지금도 상대성이론이 나오기를 기다리고 있을 것이다. 이 방식의 핵심은 그런 실험을 할 수 있다면 어떤 결과가 나올지 최대한 시각화하는 것이다.

실제로 저비용 저위험 물리 실험을 해보는 것도 좋지만, 돈 한 푼 안 드는 사고실험은 그보다 더 좋다. 그렇게 문제를 핵심 본질로 환원할 수 있다. 그다음 거기서 발견한 전제에 근거해 물리학자들이 장난감 모형이라고 부르는 것을 만들면, 그것의 한계나 부족한 지점이 보일 수 있다. 여기서부터 난공불락이던 문제에 접근할 방법이 드러난다.

덩컨과 연구진은 문제를 환원해 모든 하위 구성 문제를 더욱 단순하게 해체한 것이다. 그처럼 문제를 분해해보면 덩컨이 했듯이 모든 것이 어떻게 들어맞는지 알아낼 수도 있다. 더 나아가 단순한 차원에서 답이 드러난다면, 다른 연구자가 그 지점에서 출발해 더 복잡한 문제를 탐사할 실마리가 될 수도 있다. 파생된 연구의 결과는 다시 원래 품었던 질문에 답하는 계기가 될지도 모른다. 이처럼 더 큰 문제를 가장 단순하게 형태화한 문제를 푸는 일은 큰 문제를 이해하는 데 도움을 줄 뿐 아니라 다른 사람들이 그 주제에 관심을 두고 연구하도록 이끌 수 있다.

우연한 발견이 이루어질 여지를 두라

✂

이런 창의적 과정이 어떻게 알프레드 노벨이 청사진을 그린 대로 인류를 위한 혜택으로 이어질까요?

자연, 특히 양자역학의 이해를 심화하는 게 미래의 모든 기술 발전의 씨앗입니다. 예전에 난 양자 컴퓨터는 만병통치

약이라고 파는 뱀 기름이나 다름없다고 봤어요. 그런데 사람들이 그걸 진지하게 고찰하기 시작하면서 어떻게 발전하는지 지켜보고 있자니 양자 정보 분야가 좀 더 나아갈 수 있으리란 생각이 들더군요. 그게 뭘지, 어떤 형태일지는 잘 모르겠어요. 하지만 맥스웰은 스마트폰을 예측하지 못했을 겁니다, 그렇죠? 그러니 세계가 작동하는 근본 원리를 더 잘 이해하는 게 인류에게 단연코 이롭다고 생각해요.

때로 새로운 노력의 최종 결과가 지평선 너머 누구도 상상하지 못한 곳까지 멀리 뻗어나가기도 한다. 1800년대 중반에 살았던 제임스 클러크 맥스웰에게 자신의 유명한 전자기 법칙이 어떤 의미를 함축하고 있는지 물었다면, 아마 그는 아무 말도 못 했을 것이다. 그러나 휴대전화에서 인터넷과 집안의 전등에 이르기까지 현대 생활의 거의 모든 것은 맥스웰방정식에 의존한다. 양자역학이 발견되던 초기 양자역학은 아무런 실용적인 기술로 이어지지 못하리라고 생각됐다. 그러나 현대 컴퓨터는 모두 양자역학에 토대를 둔다.

물리학의 역사를 보면 연구의 응용 가능성이나 유용성을 예측하는 일이 얼마나 위험한지 깨닫게 된다. 따라서 우리는 기초연구를 어떤 이득이나 목표를 위해서가 아니라 그 자체를 위해서 해야 한다. 그리고 이 말은 모든 분야에 들어맞는다. 지나치게 목표에 집착할 때 오히려 궁극적인 가능성을 제한할 수 있다. 자동차왕 헨리 포드는 말했다. 사람들에게 원하는 것이 무엇인지 물어보면, 더 빠른 말이라고 대답했다고. 돌파구는 그 속성상 예측할 수 없다. 경직된 자세로 정해진 목표를 향해 달릴 때는 전혀 볼 수 없었던 것이, 좀 더 모호한 미래에 나아갈 가능성을 열어놓고 호기심을 좇다 보면 마법처럼 그 모습을 드러내곤 한다.

기억하자. 사람들이 현재의 실용적 가치에만 신경을 썼다면 「모나리자」 또한 아주 낡은 캔버스와 물감만큼만 가치가 있을 것이다. 실용성이 자신의 목표라고 해도 거기에만 너무 초점을 맞춘다면 진정한 혁신을 질식하게 하는 역효과가 나타날 수 있다. 혁신은 우리가 지금 상상할 수 없는 것이다.

그렇다면 어떻게 해야 혁신을 유발할 수 있을까? 나는 외적인 보상을 기대하지 않은 채 하루하루 꾸준히 연구하는 인내심이 좋은 토대를 마련한다고 생각한다. 덩컨은 자신이 이론화한 현상이 실제로 발견될지 또는 존재하기라도 할지를 전혀 알지 못한 채로 수십 년 동안 연구했다. 덩컨은 단지 강렬한 호기심에 계속 이끌렸다. 끝이야 어찌 되었든 풀기에 무척 흥미로운 문제였다. 덩컨에게는 그것만으로 차고 넘쳤다. 연구가 그 자체로 보상이 되고, 일이 그 자체로 성취감을 주는 곳으로 가려고 애쓰자. 열심히 일하다 보면 행운이 얼마나 자주 찾아오는지 놀랄 것이다.

돌파구는 그 속성상 예측할 수 없다.
경직된 자세로 정해진 목표를 향해 달릴 때는
전혀 볼 수 없었던 것이
좀 더 모호한 미래에 나아갈 가능성을 열어놓고
호기심을 좇다 보면 마법처럼
그 모습을 드러내곤 한다.

마크 에드워즈, 「완벽한 하루의 시작」

노벨 아이디어

상전이와 위상학적 물질
자연이 줄 수 없는 것을 만들다

ㅡㅡㅡㅡㅡㅡㅡㅡㅡㅡㅡㅡㅡㅡ ❖ ㅡㅡㅡㅡㅡㅡㅡㅡㅡㅡㅡㅡㅡ

이 연구는 노벨상을 받은 물리학자의 연구 중 가장 이론적인 것에 속한다. 다시 말해 설명하기가 어렵다는 뜻이다. 너무나 어렵기에 노벨 상위원회는 2016년 수상자를 발표할 때 그 이론을 설명하고자 기자회견장에 베이글, 도넛, 스웨덴 프레츨을 준비해야 했다. 1965년 수상자 리처드 파인먼은 솔직히 양자역학을 이해하는 사람은 거의 아무도 없다고 말한 바 있다. 일부 물리학자조차도 이해하지 못한다. 그렇긴 해도 여기서 이 연구가 왜 그렇게 획기적인지 핵심을 짧게 설명해 보자.

먼저 비유를 하나 들어보자. 우리는 이상적인 삼각형을 머릿속에서는 떠올릴 수 있지만, 현실에서는 절대 만날 수 없다. 현실의 삼각형은 현실의 '무게'가 있기 때문이다. 그렇게 말하는 이유는? 답은 부조리라는 것이다. 그러니까 우리는 삼각형을 그릴 수 있지만, 그러려면 '재료'가 필요하며, 그 재료 때문에 그 삼각형은 학술적으로 볼 때 0차원 점 세 개의 집합이 아니다. 즉, 진정한 삼각형은 현실에 존재하지 않는다. 상상할 수 있는 양자역학적 실체도 마찬가지이며, 오랫동안 실험실에서 생성하는 것은 불가능하다고 여겼다. 그러나 덩컨 연구진은 그렇지 않다고 말했다. 그들은 고도로 가공된 추상적인 물질로 구성한다면, 자연에 그런 추상적 실체가 존재할 수 있다고 예측했다. 나중에 그 예측은 참이라는 것이 드러났다.

그들은 자연의 물질이 우주가 우리에게 제공하는 것에만 한정되지 않음을 보여주었다. 이 연구는 이전까지 존재한다고 알려지지 않았고, 오로지 인간만이 만들 수 있는 새로운 유형의 물질이 있음을 처음으로 예측한 축에 속했다. 그들의 발견은 인류의 천재성과 방대한 개인 연결망의 집단 창의성 사이의 원대한 협력 관계를 보여준다. 사람들이 함께 일함으로써 진정으로 새로운 무엇을 창조하는 것이다. 그 무엇이 우리의 일상생활에 적용될 가능성이 있든 없든 간에 말이다. 새 물질을 만드는 것은 고대 연금술사부터 과학혁명을 거쳐 오늘날의 화학자에 이르기까지 수천 년 동안 과학자의 목표였다. 그렇게 볼 때 덩컨과 공동 연구자들은 일종의 연금술사라 불러도 손색이 없다.

7장

겸손이 더 나은 물리학자가 되게 한다

제 말은 이쪽 아니면 저쪽을
택해야 하는 게 아니란 겁니다.
양쪽 다일 수도 있어요.
저마다 중요한 질문에 답하지만,
그 질문이 서로 다른 거죠.

프랭크 윌첵
2004년 노벨물리학상 수상자

과학적으로 입증할 수 없는 것에 선을 긋는 학자가 있는가 하면, 많은 품을 들여서라도 열린 자세를 고수하고자 하는 이도 있다. 프랭크 윌첵Frank Wilczek 같은 이가 그렇다. 프랭크는 MIT, 애리조나주립대학교, 스톡홀름대학교의 물리학 교수다. 2004년 데이비드 그로스David Gross, 데이비드 폴리처David Politzer와 함께 "강한 상호작용 이론에서 점근적 자유성을 발견한 공로로" 노벨물리학상을 받았다. 양자물리학을 혁신한 그 연구는 31년 전, 프랭크가 불과 20대 초반에 프린스턴대학교에서 대학원생으로 공부할 때 발표한 것이다. 프랭크는 맥아더상MacArthur Fellowship을 받았고, 미국국립과학아카데미와 미국예술과학아카데미의 회원이다. 『뷰티풀 퀘스천: 세상에 숨겨진 아름다운 과학』과 『이토록 풍부하고 단순한 세계』를 비롯해 책도 여러 권 썼다.

우리는 자신에게 없거나 부족한 것을 갖춘 사람을 무척 존중하는 경향이 있다. 그런 의미에서 강건한 인내심과 자제력이 있는 프랭크 윌첵은 내가 존중하지 않을 수 없는 사람이다. 그런 자질은 과학자에게서 더욱 희귀한 것으로, 나도 갖추고자 몹시 애쓰고 있기도 하다. 프랭크는 거의 금욕적일 정도로 인내하며 연구가 인정받기까지 긴 세월을 기다렸다. 31년간 노벨상을 받을 가능성이 크다는 것을 알면서도 매번 받지 못하는 상황을 겪어냈다. 매번 실망에서 회복해 근성을 보여주었고, 절대 유쾌함을 잃지 않았다. 그 시간 내내 프랭크는 연구에 몰두하고 자기 재능을 쏟아부었다. 프랭크는 노벨상이 얼마나 성공했는지, 얼마나 만족스럽게 살았는지를 최종적으로 판정해주지 않는다는 것을 자기 삶으로 보여주었다. 나는 프랭크에게서 양성자와 쿼크의 내부 활동보다 인내심과 단호함에 관해 더 많은 것을 배웠다.

정답부터 상상하면 출발점이 보인다

※

당신의 책 제목 『뷰티풀 퀘스천』은 이중적인 뜻을 담고 있다
고 했습니다. 아름다운 질문인 동시에 아름다움의 의미를 되
묻는 것이라고 말입니다. 그 질문을 구체적으로는 이렇게 정
리할 수 있지 않을까 싶습니다. 과연 세계가 아름다운 개념
을 구현한 것일까요? 아름다움을 미술 같은 미학적 즐거움
을 주는 분야에서만이 아니라 과학에서도 안내자나 도구로
삼을 수 있을까요?

그럼요. 예컨대 우리가 망막 뒤에서 모으는 정보는 3차원 세
계를 재구성하는 데 충분하지 않아요. 많은 걸 채워야 해요.
그래서 우린 정형화한 양식에 의지하죠. 무의식적으로 수학
적 규칙성에 의지해요. 어릴 때부터 그러도록 배우죠. 그게
바로 물질세계가 원래 아름답게 설계되는 게 아니어도 상관
없는 이유예요. 아름다움은 우리가 세계를 이해하고, 세계
가 조화를 이루게 하고, 세계에 대처할 수 있도록 돕는 속성
이에요. 대칭은 유용한 안내자죠. 그래서 우리는 대칭되는
것에 더 끌리고 가까이하고 싶어 하는 욕망을 느끼게 됐어

요. 원래 아름다움이 존재한다고 보는 미학적 관점을 역으로 이용한 거죠.

원자의 내부 작동을 이해하고자 할 때는 실험하기가 훨씬 더 어려워요. 대신에 고도로 대칭인 방정식을 추측한 뒤 결과를 도출해서 그게 현상을 설명할 수 있는지 알아보는 방법은 아주 성공적이었죠. 현상에서 아름다운 방정식을 찾아내는 쪽으로 나아가는 대신에 우린 아름다운 방정식을 추정한 뒤 그게 세계를 기술할 수 있는지 알아본 거예요. 그 방식은 놀라울 만치 잘 작동했어요.

원자의 내부 작동을 이해하고자 프랭크가 쓴 요령은 누구의 삶에서든지 적용해 볼 만한 조언이다. 해결하고 싶은 문제가 있는데 어떻게 시작해야 할지 모를 때, 이루고 싶은 것이 있는데 무엇부터 해야 할지 가늠하기 어려울 때, 먼저 뒤집어서 생각해 보는 것이다. 될 수 있으면 구체적으로 원하는 것을 상상해 본 다음, 거꾸로 조금씩 내려가다 보면 지금 내가 가야 할 방향도 결국 보인다.

의견이 다르다고 누가 틀린 것은 아니다

✕

『뷰티풀 퀘스천』은 감성적이고 거의 시적인 문체로 쓰여 있습니다. 월트 휘트먼과 E. E. 커밍스의 시도 인용되어 있고 말입니다.

난 시를 좋아해요. 마음을 넓혀주죠. 그리고 세상을 다양한 방식으로 기술describe한다는 건 의미가 크죠. 무척 좋은 자극을 받을 수 있어요. 세상은 여러 층위로 기술할 수 있는데, 시도 중요한 역할을 해요. 제 말은 이쪽 아니면 저쪽을 택해야 하는 게 아니란 겁니다. 양쪽 다일 수도 있어요. 같은 대상이나 현상을 다른 식으로 기술할 수 있고, 각 기술 방식은 나름대로 타당해요. 저마다 중요한 질문에 답하지만, 그 질문이 서로 다른 거죠. 그래서 한 가지 기술 방식으로 부적합한 질문까지 규명하려고 애쓰다가는 기운만 빠지거나 사실상 잘못될 수도 있어요.

양자역학에서 우린 물리적 대상은 상보적인 기술이 있다는 걸 배웠어요. 하나는 위치를 물어보는 데 알맞고, 다른 하나는 운동량이나 대강 뭉뚱그려 말하자면 속도를 물어보는 질문으로 적절하죠. 우린 에너지, 질량, 진동수 사이에 환상적으로 오락가락하는 운동이 존재한다는 걸 알아요. 입사의 질량이 0이어야 성립하는 방정식으로도 질량이 있는 세계를 구축할 수 있죠.

여기서 프랭크가 말하는 것은 심오하고도 난해하게 들리지만 사람 사이의 상호작용에 적용하면 단순하고도 중요한 진실을 읽어낼 수 있다. "우리는 모두 양자이자 파동이다" 같은 시답잖은 의미로서가 아니라 두 사람이 서로 고집스럽게 상반된 견해를 고수할 때 결코 의견이 일치할 수 없다고 해도 둘 다 옳을 수도 있다는 의미에서 그렇다. 전자가 입자라고 말한다면 그 말은 옳다. 전자가 파동이라고 말한다면 그 말도 옳다. 그러나 입자는 파동과 전혀 다르다. 그렇다면 어떻게 둘 다 옳을 수 있을까? 답은 상보성이다. 지각, 참조, 틀, 관찰자, 기타 요인 들에 따라 달라지는 것이다. 어떤 쟁점을 놓고 논쟁을 벌이거나 타협하고자 할 때, 타협compromise과 상보성complementarity이라는 단어의 어원이 같다는 점을 명심하자.

우리가 우주 기본 구성단위의 본질에 관해서 서로 다른 의견이 존재하는 것이 가능하다고 받아들일 수 있다면, 우리가 그릇되었다고 생각하는 반대 견해에서도 가치를 찾을 수 있지 않을까? 자연이 근본적으로 애매할 수 있다면, 인간의 견해도 애매할 수 있지 않을까? 즉, 틀린 동시에 옳을 수도 있지 않을까? 프랭크가 여기서 설명한 개념은 항상 내 논쟁 상대가 틀린 것이 아니라 나와 다른 자리에 서 있는 것일지도 모른다는 사실을 떠올리게 한다. 최대한 그들의 시각에서 보려고 할 때 우리는 참된 진실에 더 가까이 다가가게 된다.

실패도 성공도 삶 자체는 아니다

><>

노벨상을 받은 뒤 어떠셨나요? 초능력이 생긴 것 같은 기분이 들었습니까?

난 오랫동안 '이후의 삶'을 생각했어요. 노벨상을 받은 많은 이를 존경하며, 그들이 상을 받은 뒤 어떻게 살아가는지 살펴봤어요. 남보다 더 잘 살아가는 사람도 있어요. 내게는 수상을 대수롭지 않게 넘기고서 논문을 계속 쓴 리처드 파인먼, 양전닝楊振寧, 리정다오李政道 같은 이가 성공 사례로 보였죠. 반면 그 상에 압도된 사람도 있어요. 상을 받은 뒤엔 앞으로 뭘 해도 이미 일군 업적이나 받은 상의 권위에 못 미칠 거라고 여긴 이들이죠.

난 첫 번째 집단에 속하고 싶었어요. 후자가 아니라요. 그래서 수상하리란 걸 알게 된 뒤 상을 받고 나서 뭘 할지 즉각 계획을 세웠어요. 논문을 쓸 생각이었죠. 그리 대단한 논문은 아니라도 그냥 해내고자, 정체되지 않고자 쓰려고 했어요. 실제로 그렇게 했고요. 그리고 계속 일했죠. 다행히도 내가 일하는 방식은 늘 뭔가 일을 벌이고, 거기에 어떤 기초적인 공헌을 하려고 애쓰고, 그런 뒤 다른 뭔가를 하는 쪽으로 나아가는 식이었어요. 그러다 보면 실패를 자주 겪게 되니까 실패엔 익숙해졌죠. 노벨상을 받기 전이든 받은 뒤든 간에 난 실패를 두려워하지 않았어요. 그래서 그 상에 압도되지 않았죠.

자신의 실패나 성공에 압도되지 말라. 프랭크 윌첵은 상을 받긴 했지만 그렇다고 자기 일이 다 끝났다고 생각하지는 않았다. 프랭크는 여전히 우리 인류가 아는 것이 거의 없다고 보고, 그렇기에 계속해서 많이 기여하고 싶다는 의욕을 불태웠다. 설령 그 과정에서 실패를 거듭한다고 해도 말이다. 이를테면 아마존 창업자인 제프 베이조스와 같은 사람은 이룰 만큼 다 이룬 다음에는 은퇴해서 거대한 요트를 몰고 다닐 수 있겠지만 과학자는 다르다. 과학은 '무한 게임'이기 때문이다. 체스와 달리 과학에서는 절대 이길 수 없다. 체스와 같이 과학도 종신 재직권이나 노벨상처럼 이길 수 있는 (나로서는 질 수 있는) 많은 유한 게임으로 이루어져 있기는 하다. 그러나 궁극적으로 보면 과학계에서는 완전한 승리는 없다. 상을 받을 수는 있겠지만 결코 자연을 넘어설 수는 없다. T. S. 엘리엇은 이렇게 말했다. "노벨상은 본인의 장례식 입장권이다. 그 상을 받은 뒤 무엇인가를 해낸 사람은 아무도 없다." 프랭크는 이 책의 다른 수상자들이 그랬듯 그런 편견을 무너뜨렸다. 상을 받았든 받지 않았든 삶은 계속되고 과학은 무한하다. 그 자체가 어떤 이에게는 계속 일하도록 강력한 동기를 부여하는 요소이며 호기심과 끊임없는 열정의 상징이기도 하다. 우리를 움직이는 것이 무엇인지, 그것이 자신을 갉아먹을지 계속 나아가게 할지 의식해야 한다.

좋은 질문을 선택하라

>< ><

새 책을 쓰거나 새 연구과제에 뛰어들 때가 되었다는 것을 어떻게 판단합니까? 나름의 규칙이 있나요, 아니면 그냥 관심이 동하면 시작하는 것인가요?

난 내 운영 체제가 '생각하기, 놀기, 반복하기'라고 말하곤 해요. 먼저 뭔가를 생각해요. 그런 뒤 그 발상을 머릿속에서 굴리며 놀죠. 그다음에 다시 생각하면서 더 나은 방법이 있는지 알아봐요. 그때 기본적으로 고려하는 건 그 문제가 얼마나 중요한가, 그리고 거기에 내가 기여할 수 있다고 느껴지는가 하는 거죠.

하지만 뭐가 중요한지를 어떻게 판단할까요? 뭔가가 중요한 이유는 여러 가지가 있을 수 있어요. 어떤 건 근본적이라서 중요할 수도 있죠. 세계의 작동 방식 중에서도 가장 기본적인 원리를 담고 있는 경우 그렇죠. 세계에 유용한 일을 할 가능성이 있다면 그것도 중요하죠. 어떤 식으로든 간에 지식의 변경을 밀어내거나 그전까지 드러나지 않았던 세상의 뭔가를 관찰할 수 있게 하는 것도 유용성의 넓은 정의에 포함하게 할 수 있을 겁니다. 또 뭔가를 더 아름답게, 더 심미적으로 와닿게 하거나 세계를 더 낫게 기술하는 것도 중요하다고 할 수 있겠죠.

세계에 대한 우리의 이해에서 결함이나 틈새를 찾아내는 것도 또 다른 중요성을 나타내는 요소입니다. 농담 섞어 말하자면 짜증 나는 구석을 찾은 거라고도 할 수 있겠네요. 그러니까 새로운 프로젝트를 결정할 때 근본적이거나 유용하거나 짜증 나는 걸 세 개의 축으로 삼아 고려한다고 말할 수 있겠어요.

살면서 중요하다고 여기거나 자신이 바꾸고 영향을

미칠 수 있다고 생각하거나 불완전함 때문에 짜증을 불러일으키는 무언가를 볼 때, 그때가 바로 주의를 기울여야할 때다. 이런 지표를 충족하는 질문을 선택했을 때 스스로 집중할 수 있고 성공을 거둘 가능성 또한 커진다. 그 핵심 지표를 알아볼 수 있도록 상황을 읽고 파악하는 능력을 기른다면 이런 기회를 더 자주 접할 수 있다.

프랭크 윌첵의 규칙이 맞지 않는 사람도 있을 수 있다. 그때도 자기 자신의 호기심을 자극하고 관심을 끌어내는 것을 판단할 나름의 기준을 마련하면 더 만족스러운 길로 이어질 가능성이 커진다. 자신이 이끌리는 것, 관심이 가는 것은 앞으로 어디로 나아가야 할지를 알려주는 의미 있는 지표다. 한편, 자신이 어떤 대상에 정말 주의를 기울일 가치가 있으며 그 대상을 끌고 나갈 수 있을 것인지는 자기가 정한 기준으로 엄밀하게 평가해야 한다. 주의는 우리에게 있는 가장 순식간에 사라지는 자원이다.

내가 다 알지 못한다는 것을 기억하라

><

우주의 창발적 특성은 바로 복잡성이라고 합니다. 우주가 그처럼 복잡한 곳이라면 외계 지성체의 증거가 발견되리라고 믿습니까? 외계 지성체가 존재한다면, 그들에게 종교와 문명 등 체계가 있을까요?

외계 지성체가 아주 많으리라고 추측할 만한 정황적 이유가 있어요. 우리가 그런 증거를 보지 못했다는 건 역설이 아닙니다. 너무 멀리 떨어져 있어서 통신하기가 어려우니까요. 이곳 지구에서는 지옥 같은 조건에서 벗어나자마자, 그러니까 지구가 식으면서 굳고 어느 정도 안정을 찾으며 액체 바다가 형성되자마자 생명이 출현했어요. 생명을 출범하게 한 화학적 조건이 복잡하긴 하지만, 미칠 지경으로 복잡하진 않거든요. 난 인류가 지금 발견하는 행성, 즉 태양계 바깥의 행성 중 상당수에선 생명이 존재할 가능성이 매우 크다고 봐요. 그런 행성은 전혀 드물지 않거든요. 은하에 있는 엄청난 수의 외계 행성엔 아마 수십억 종류의 생명체가 있을 겁니다. 물론 은하는 아주 많고 많죠.

난 우주에 생명이 풍부하다고 봐요. 하지만 다시 지구 생명의 역사를 참조하자면, 다세포생물이 출현하는 데는 오랜 시간이 걸렸어요. 특수한 조건이 필요했죠. 안정성, 멋진 항성, 느긋한 진화 같은 거 말이죠. 게다가 거의 원형인 궤도와 주기적인 영향을 미치는 달과 지각판도 기여했고요. 비록 이런 게 갖춰지지 않았다면 어떻게 됐을지 말할 순 없겠지만, 지구에서 단세포생물에서 다세포생물로 넘어가는 데도 아주 오랜 시간이 걸린 듯해요. 10억 년이나 걸렸죠. 또 거기서부터 우리가 지성체라고 인정할 만한, 즉 언어와 추상 개념을 쓰는 존재에 다다르기까지도 오랜 시간이 걸렸어요. 사실상 인류에게서만 실현됐지요. 그리고 물론 기술의 성장은 겨우 약 200년밖에 안 됐고요.

외계 생명체가 흔하다고 해도 외계 지성체와 외계 기술은 드물 수도 있다고 생각해요. 그러니까 UFO 목격담 때문에 흥분할 이유가 없다고 봐요. 그런 한편으로 아서 찰스 클라크의 세 번째 법칙도 있지요. "충분히 발전한 기술은 마법과 구별할 수 없다." 그러니 어떤 고도로 발전한 문명이 무슨 일을 할지 누가 알겠어요?

프랭크 윌첵의 대단한 겸손함이 느껴졌다. 프랭크는 자신이 모르는 것이 많다고 인정하며 논쟁의 어느 한 편에 서지 않는다. 대신 우리가 아는 것이 무엇이며, 어떤 증거를 비교하는 데 쓸 수 있는지에 초점을 맞추었다. 또 나는 프랭크가 이 주제를 기꺼이 논했다는 사실이 고맙고 존경스럽다. 말도 꺼내지 말라는 물리학자도 있다.

프랭크는 신과 영성처럼 과학자가 말을 아끼는 주제도 밀어내지 않는다. 디팩 초프라 같은 뉴에이지 정신적 지도자에게 자기 책의 추천사를 써달라고 할 만큼 큰 그림을 이야기하는 데도 거리낌이 없으며, 심지어 즐기는 듯하다. 나는 그런 점이 프랭크의 깊이와 포용성을 보여주고, 더 많은 이가 그와 그의 연구에 깊은 관심을 기울이게 한다고 생각한다. 나 또한 프랭크와 언제까지고 이야기를 나눌 수 있을 것 같았다. 프랭크와 대화하다 보면 놀라울 정도로 영적이고 정서적인 이야기를 풍부하게 나눌 수 있었다(프랭크가 이 묘사에 동의하지 않겠지만 말이다!). 프랭크 윌첵은 IQ에 걸맞은 EQ를 지닌 희귀한 부류다. 취약함을 드러내기 두려워하지 않는 프랭크의 감성은 그의 경이로운 지적 능력만큼이나 신선한 인상을 남긴다.

프랭크를 보면 겸손과 개방성은 자신감의 또 다른 표현이라고 생각하게 된다. 가면증후군에 대한 질문을 던졌을 때 그는 어떤 망설임도 없이 답했다.

가면증후군을 겪어본 적 있습니까?

실질적으로는 없어요. 거기엔 한 가지 이유가 있는데, 아주 확고한 거죠. 난 대학에 들어갔을 때, 아니 아마도 뉴욕시 교육 체계를 경험했을 때 가면증후군을 극복했지요. 시험, 성적 평가, 성적별 반 편성을 늘 접했으니까요. 또 일찍 성공을 거둔 덕분에 자신감도 얻었고요. 연구하는 과학자에게 그점은 대단히 중요해요. 자신감은 순금과 같아요. 남이 어떻게 볼지 걱정하지 않고 다른 관점에서 생각할 수 있고, 거대한 질문을 다룰 수 있다고 믿게 되죠. 지금까지 남이 한 거보다 더 잘할 가능성이 있다고 생각하니까요.

자신이 믿지 않는다고 얕보지 말라

✕

종교의 연구와 지식이 방정식은 줄 수 없는 무엇인가를 충족하게 해줍니까? 아니면 그냥 철학일 뿐인가요? 당신에게 종교란 무엇인가요?

난 어느 한 기성 종교를 고수하지 않아요. 10대 때까지 종교를 늘 접하면서 자랐죠. 로마가톨릭교에 몹시 매료되고 푹 빠져 있었어요. 내가 향유하는 문화적 유산 중엔 거기서 나온 게 많아요. 내 지적 자산의 일부이기에 그걸 참조할 수 있죠. 지금도 여전히 그 전통을 존중하고 존경합니다. 결함이 많긴 해요. 아주 복합적이고 인간적이기도 하죠. 아주 아름다운 것도 담고 있고요.

유대·기독교 전통은 우리처럼 20~21세기에 미국에서 자란 이에게는 자신의 일부죠. 우리 주변 어디에나 있어요. 그걸 무시하거나 얕보고 낙인찍으려 하는 건 자기 팔을 잘라내는 거나 다름없어요. 정말 그런다면 문화적 토대를 잃는 거죠. 세상엔 과학이 답하지 않지만 종교를 통해 파악하고 이해할 수 있는 게 있어요. 과학은 다양한 선택을 했을 때 결과가 어떻게 나올지 식견을 주고, 그 수준에서 일종의 지혜를 안겨줄 수 있죠. 그러나 자신이 뭘 하고 싶은지 또는 뭐가 옳은지, 뭐가 좋고 나쁜지와 같이 다른 범주에 속한 걸 최종적으로 결정할 순 없어요.

그래서 난 이런 전통을 무시하거나 하찮은 거로 치부하는 게 좋은 생각이 아니라고 봐요. 우린 언제나 서로 보완할 수 있는 존재입니다. 그 전통에서 의외의 걸 배울 수도 있고, 다른 관점을 갖고 살아가는 사람을 더 깊이 이해하게 될 수도 있죠. 그들이 뭘 생각하는지를 이해하려고 애쓰고, 그 생각을 진지하게 받아들인다면요.

과학자는 연구를 조금 더 수월하게 하려고 연구 대상을 최대한 격리하고자 노력하게 된다. 그러다 보면 연구에 직접적으로 포함되지 않거나 실험에 관여하지 않는 것은 무시하려는 경향이 뒤따른다. 이 방법은 놀라울 만치 유용하긴 하지만 위험할 수도 있다. 프랭크의 말에서 나는 종교처럼 인류에게 큰 영향을 미치는 것을 무시하지 않으려는 의지를 본다. 프랭크처럼 균형 잡힌 시선을 유지하는 태도는 지속적이고 의식적인 노력 없이는 불가능하다. 하지만 해낼 수 있는 사람은 그렇지 않은 이가 절대 볼 수 없는 것을 보게 된다.

모든 순간이 그 자체의 의미가 있다

시간 여행을 해서 젊은 프랭크 윌첵에게 불가능에 뛰어들 용기를 불어넣는 조언을 할 수 있다면 어떤 말을 하겠습니까? 지금까지 배운 지식과 익힌 기술을 곧바로 써먹으려고 드는 대신 죄책감을 느끼지 말고 충분히 탐사하고 탐험해야 해요. 뭔가를 깊이 파고들기 전에, 아니 파고드는 동안에도 넉넉히 탐사할 시간을 내길 바랍니다. 그건 절대로 아까운 시간이 아니에요.

프랭크 윌첵이 보여주는 인내심은 경이롭다. 프랭크가 삶에 차분하게 접근하는 모습은 모두에게 중요한 가르침을 준다. 아기가 태어나기를 기다리든 결혼식 날을 기다리든 대학원에서 박사학위 과정을 밟고 있든 우리는 그 과정을 즐겨야 한다. 끝에 눈부신 영광이 기다리고 있든 아니든 간에 그 여행은 그 자체로 보상이 된다.

사람들은 프랭크가 노벨상을 탈 연구를 할 당시에 매우 젊었다는 사실을 알고 놀라곤 한다. 물론 프랭크가 젊은 나이에 놀라운 연구를 해낸 것도 맞지만, 여기서 더 주목해야 할 교훈은 축적된 지식이 발휘하는 힘이다. 연구 과정에서 프랭크는 자신의 직관만을 따라 연구한 것이 아니라 다른 과학자들이 그때까지 제시한, 이미 성립하지 않는 것으로 밝혀진 쿼크에 대한 가설과 그 실패 원인을 꼼꼼히 분석한 내용을 참고로 삼았다. 물리학자는 축적된 지식으로부터 혜택을 본다. 실패나 실수 또한 그 지식의 중요한 부분이다. 이처럼 시간과 지식이 누적된 결과 성공도 일어나는 것이다. 그 사실을 잘 알고 있어서일까. 프랭크는 노벨상을 받은 연구 이래로도 끊임없이 우리의 집단 지식에 기여해 왔다. 당장 눈에 보이는 성과가 없더라도 우리가 하는 모든 일이 이 지식과 경험의 누적에 기여하고 있음을 기억해야 한다.

프랭크는 자신감을 찾는 것이 얼마나 중요한지 다시 알려줌과 동시에 그 자신감이 생각보다 다양한 곳에서 나온다는 것을 명심하게끔 한다. 나도 학생들에게 그랜드슬램도 중요하지만 한 점 한 점 점수를 따는 것도 중요하다고 말한다. 사소해 보이는 시도 하나하나가 결국 큰 흐름에 기여한다는 것을 잊지 않을 때 우리는 자신감을 얻을 수 있으며, 프랭크처럼 가면증후군까지 떨쳐낼 수 있을 것이다.

우리가 우주 기본 구성단위의 본질에 관해서 서로 다른 의견이

존재하는 것이 가능하다고 받아들일 수 있다면,

우리가 그릇되었다고 생각하는 다른 사람의 생각에서도 가치를 찾을 수 있지 않을까?

자연이 근본적으로 애매할 수 있다면, 인간의 견해도 애매할 수 있지 않을까?

즉, 틀린 동시에 옳을 수도 있지 않을까?

마크 에드워즈, 「사람 셋, 기차 셋」

노벨 아이디어

점근적 자유성
절대 쪼개질 수 없는 그 무엇

프랭크 윌첵은 이 책에 실린 대부분 이론 연구에 어느 정도 기여했다. 윌첵의 연구는 고대 그리스부터 인류가 추구한 원대한 과학 탐구 전통에 속한다고 볼 수 있다. 핵심에 무엇이 있는지를 이해하려고 세계를 점점 더 작게 나누려는 그 유구한 노력 말이다. 그리스인은 더는 나눌 수 없는 무엇을 원자라고 불렀지만, 프랭크가 과학에 뛰어들 무렵 현대 과학자들은 훨씬 멀리 온 상태였다. 과학자들은 원자를 양성자, 중성자, 전자로 쪼갤 수 있다는 것을 알았다. 물리학자들은 그 입자들을 구성하는 쿼크도 쪼갤 수 있는지를 알아보는 탐구에 나섰다. 짧게 답하자면 쿼크는 사실상 쪼갤 수 없다. 쿼크를 쪼개는 데 드는 에너지는 쿼크를 추가로 하나 더 만들어낸다. 쿼크를 S극과 N극이 있는 자석처럼 생각하자. 자석

을 반으로 쪼개면 S극과 N극이 있는 자석 두 개가 되는 것처럼 쿼크도 그렇다. 프랭크는 쿼크가 왜 쪼개질 수 없는지 알아낸 사람이다. 답은 점근적 자유성이라고 하는 쿼크의 특성과 관련이 있다.

프랭크의 발견은 리처드 파인먼과 줄리언 슈윙거Julian Schwinger가 개척한 양자전기역학이라는, 그 이전의 10년에 걸쳐 발전한 이론물리학과 연결되며 양성자의 내부 구조를 이해할 길을 열었다. 빅뱅 직후의 우주에 어떤 일이 일어났는지 이해하려고 할 때, 우리는 오늘날 측정할 수 있는 여진만을 관측할 수 있다. 물질의 내부 미시 구조, 즉 쿼크를 더 잘 알수록 빅뱅 초기의 변화에 대해서도 더 구체적으로 알 수 있다.

8장

최고의 권위자를 의심하라

매일 아침 일어나서 나는 아직 이해할 수 없는
무언가를 연구하지요. 따라서 매일 나는 학자인데
아무것도 모르는 사기꾼이 되는 거예요.
그래도 어쩌겠어요.
아직 이해하지 못한 것을 연구해야 해요.

———————————————

존 매더
2006년 노벨물리학상 수상자

과학계에서 상상과 과학을 판가름하는 기준은 늘 한 가지 질문에 달려 있다. 바로 얼마나 정확한 데이터로 검증할 수 있느냐는 것이다. 그런 점에서 존 매더John Mather는 한 분야 전체의 명운을 바꾸어놓은 과학자다. 존 매더는 나사 고더드우주비행센터의 선임 천체물리학자이자 메릴랜드대학교 컴퓨터수학자연과학대학 물리학 교수다. 2006년 존은 조지 스무트George Smoot와 함께 "흑체 형태와 우주배경복사의 비등방성을 발견한 공로로" 노벨물리학상을 받았다. 연구진과 함께 완성한 그 연구는 관측 위성 코비를 써서 빅뱅이론의 견고한 증거를 찾아냈다. 게다가 그 전까지 '진짜' 물리학자에게서 "늘 오류에 빠지면서도 결코 의심하지 않는" 사람이라고 조롱받았던 우주론자를 정밀과학을 하는 사람으로 승격시켰다.

1990년대 초 대학생일 때 나는 우주론자가 되려고 공부한다고 인정하기가 좀 창피했다. 우리가 딱할 만치 우주의 중요한 속성에 무지했기 때문이다. 매더의 연구는 그런 상황을 바꾸었다. 한 예로 당시 우리는 우주의 나이가 100억 년인지 200억 년인지 알지 못했다. 어른을 보면서 그 사람이 10대인지 노인인지 알지 못하는 것이나 마찬가지였다. 그때의 계측을 따르면 은하수에는 당시 제시된 우주 자체의 나이보다 더 오래된 별도 있었다. 부모보다 늙은 자식이 있는 것이나 다름없었다. 우스꽝스러운 꼴이었다. 1990년대 초에 존 매더가 이끄는 연구진은 이전에 모호했던 수치를 정확히 측정할 수 있다는 것을 밝혀냈다. 그렇게 모호함이 해소되자 내가 추구하고 싶은 분야가 바로 우주론이라는 것이 명확해졌다.

존 매더는 노벨상 수상이 경력의 끝이라는 잘못된 인식을 종식한 또 다른 수상자다. 존은 1990년대에 코비를 통해 엄청난 발견을 이룬 뒤에도, 2006년 노벨상 수상으로 엄청난 성공을 거둔 뒤에도 계속해서 굉장한 업적을 일구어냈다. 존은 현재 제임스웹우주망원경의 운영을 맡은 선임 과학자다. 제임스웹우주망원경은 허블우주망원경의 뒤를 이어서 더 상세히 우주를 관측하고자 수십 년에 걸쳐서 수십억 달러를 쏟아부은 프로젝트다. 존은 자신이 노벨물리학상을 받은 우주배경복사 분야를 떠나서 전혀 다른 분야로 나아가며 엄청난 지식의 폭과 깊이를 보여주었다. 존이 제임스웹우주망원경에서도 코비에서처럼 막중한 역할을 맡고 있으므로, 나는 그 프로젝트 또한 큰 성공을 거두리라고 내다본다〔제임스웹우주망원경은 실제로 2022년부터 초기 우주의 모습을 담은 여러 은하를 발견하는 등 놀라운 성과를 보여주고 있다ー옮긴이〕.

한계를 조금씩 밀어내는 방법

>≫<

스승과 관련된 일화가 있습니까?

UC 버클리에서 박사과정을 밟을 때 폴 리처즈Paul Richards

교수님이 제 지도교수셨는데, 그분이 한 말 중에 지금까지 기억나는 게 있어요. "네가 말할 때 사람들은 네가 하는 말을 다 받아들일 수가 없어. 그러니까 사람들에게 정말 알게 하고 싶은 걸 세 가지로 압축해서 그건 확실히 이해하게 해."

스승의 어떤 조언이 당신에게 가장 영향을 끼쳤습니까?
사람들을 제대로 가르치려면 진정으로 어려운 문제, 아마도 불가능할 문제를 내어주라는 거였어요. 불가능하다는 사실을 알리지 말고 스스로 알아내게 하라는 거였죠. 그렇게 나 역시 정말로 어려운 문제와 맞섰고, 그걸 조금씩 굴복시킨 끝에 실제로 코비 위성과 더 나아가 제임스웹우주망원경을 만들 수 있었죠. 그렇게 과학 분야 전체가 함께 조금씩 일을 진척시켰고, 점점 더 향상된 장비를 만들어서 상상만 했던 수준의 측정을 실제로 하는 쪽으로 나아왔어요.

때때로 무언가를 연구하는데, 그 일이 불가능해 보일 때가 있다. 어쩌면 실제로 불가능해서 그럴 수도 있다. 아니면 돌파구의 벼랑 끝에 와 있기 때문에 그런 느낌을 받을 수도 있다. 나아가도 원했던 결과를 얻지 못할 수 있지만 멈췄을 때 실패는 확실해진다. 성공하는 이는 모두 고집스럽게 그 불가능해 보이는 무엇을 밀고 또 밀었던 사람이다. 그 과정은 새로운 가능성을 열어줄 수도 있고, 그러지 못하더라도 적어도 너무 일찍 포기하는 사람은 절대로 알 수 없는 확고한 지식을 얻게 한다. 즉, 무엇이 왜 불가능한지 알게 되는 것이다.

스무 살의 자신에게 지금의 당신처럼 불가능으로 뛰어들 용기와 지혜를 주는 말을 해준다면 뭐라고 하겠습니까?

우리는 모두 미래를 알지 못한단 점에서는 똑같은 처지예요. 그리고 우리 모두에게는 지금까지 누구도 한 적이 없는 일을 할 기회가 있어요. 과학자의 일도 그렇지만 다른 일도 그럴 거예요. 가끔 어떤 착상이 떠오르면 무척 신나죠. 정말 그럴 수 있다면 진짜 멋질 거 같거든요. 그런 건 대개 불가능하거나 거의 불가능한 일이죠. 하지만 그때 실망하는 대신 오히려 더 흥미를 돋우게 하는 마음가짐이 있어요. 이렇게 생각하는 거죠. '왜 안 돼? 해보고 어떤 일이 벌어지는지 알

아보자고.'

자기 연구가 열매를 맺는 것이 가능한지 불가능한지 걱정하는 데 빠져들지 말라. 무언가가 불가능하다는 생각 자체가 가능성을 제한할 수 있다. 오드리 햅번은 이렇게 말했다. "불가능은 없어요. 그 단어 자체가 '나는(im) 가능해(possible)'라고 말하고 있잖아요!" 한 번에 한 걸음씩 내디디면서 어디까지 나아갈 수 있는지, 어디에 도착하는지 지켜보라. 존이 불가능하다고 생각한 문제 또한 아주 조금씩, 서서히 굴복되었다. 이렇게 한 걸음씩 나아가다 보면 장애물이 나타나도 재빨리 방향을 틀 수 있을 것이다.

무엇이든 틀릴 수 있다

><><

증거나 너무나 명확한데도 이설異說을 믿는 사람에게 무슨 말을 해주고 싶습니까?

대개 그런 마음을 먹은 이에게도 그 나름의 이유가 있으니까 굳이 따지고 들 가치가 없다고 봐요. (이설을 신봉하는 사람에게) 한번 물어보는 게 흥미로울 순 있겠죠. "이런 증거가 있는데 지금도 그걸 믿는 이유가 뭔가요?" 그러나 난 그런 질문을 하지 않아요. 다만 그들이 우리가 한 것처럼 그들의 이론을 완벽하게 뒷받침할 수 있을지, 그런 방법을 상상할 수나 있을지 궁금해요. 내가 아는 한 그들은 그럴 수 없거든요. 하지만 아마 할 수 있다고 주장하겠지요!

과학에서 과연 만장일치가 이루어질 수 있다고 봅니까? 그리고 합의에 이르지 못했을 때, 합의를 달성하려고 노력하는 것이 좋다고 보나요, 나쁘다고 보나요?
합의에 도달하는 게 비밀로 간직해야 할 목표라고 생각하진 않아요. 뭐에 관해서든 우리가 모두 틀렸단 사실이 발견되는 것만큼 과학자들을 기쁘게 하는 일은 아마 없을 겁니다. 그럼으로써 모두 새롭게 할 일이 생긴 거고, 발전을 이룬 거죠.

리처드 파인먼은 이렇게 말했습니다. "과학은 전문가가 무지하다고 믿는 것이다." 아인슈타인이 뉴턴을 믿었다면, 우리는 일반상대성이론을 절대로 듣지 못했을 것이라는 의미입니다. 내가 아는 한 이렇게 말하는 과학자는 없어요. "와, 누구누구는 정말 탁월한 과학자야. 그가 말하는 건 뭐든지 다 그냥 믿을래."

맞아요, 과학자는 그렇게 말하지 않죠. 밖에서 보기에 과학자가 모두 집단 사상가 같아 보일지도 몰라요. 다 같은 걸 말하니까요. 하지만 그건 증거가 아주 강력할 때만 그래요. 그래서 난 일부 동료의 생각과는 달리 우리가 일종의 집단사고groupthink에 빠져 있다곤 생각하지 않아요. 과학자는 우리가 모두 틀렸을 가능성을 살펴보는 일에 열성을 다하죠. 그러나 각 과학자는 그 노력이 보답받을 가능성이 큰지 아닌지 판단해야 해요. 새로운 걸 발견할 가능성이 아주 낮은 곳을 살펴보고 있다면, 얼마 뒤에 지칠지도 몰라요.

나는 늘 어떤 발전이 정설로 받아들여졌을 때도 대안이론을 살펴보는 행위가 적어도 그 정설을 강화하는 역할을 할 수 있다고 본다. 기정사실로 받아들이는 대신 검증을 거치는 것이다. 그처럼 이설에는 집단사고의 위험을 피하게 하는 힘이 있다. 물론 매더가 말하듯이 이설에 너무 많이 정신을 팔면 문제가 생길 수 있다. 과도한 시간 낭비로 이어지고 기존 연구를 지속하지 못하게 방해할 때가 그렇다(집중해야 할 연구와 흥미를 끄는 주제 사이 균형을 찾는 일은 성공을 거듭할수록 더 중요하다. 우리가 더 높이 날수록 우리를 쏘아 떨어뜨리고 싶은 사람도 더 많아질 것이기 때문이다). 그러나 이설이 때로 돌파구로 이어지곤 한다는 점도 기억하자. 르메트르가 1927년 빅뱅이라는 개념을 처음 제시했을 때는 그 개념이 이설이었다. 정설이라는 거석을 믿을 때도 약간의 빛이 새어들 만큼의 틈새를 두는 것이 핵심이다. 거석을 무너뜨리려면 많은 힘과 시간이 필요하므로 작은 틈새는 전혀 위험하지 않다. 그와 반대로 어떤 틈새로도 빛이 들지 못하게 아주 조심하며 모든 대안에 일말의 여지를 두지 않는다면 성장하거나 변화할 가능성 또한 막게 된다.

상처받지 말고 증거를 쌓으라

✂

과학에서 연구가 입증되거나 합의가 이루어질 때까지 여러
해가 걸릴 수 있습니다. 그 불안한 시기에 자기 이론이 받는
공격에 어떻게 대처합니까?

과학엔 다양한 직종이 있죠. 그중 내가 하는 일은 어떤 장치
를 만들고 뭔가를 측정하는 거예요. 그 데이터의 해석은 다
른 사람이 하죠. 그러니 우리 연구진은 할 수 있는 최상의 일
을 했고, 그 값이 맞는다는 확신이 있을 때야 "이게 우리가
발견한 겁니다"라고 말해요. 과학자로 구성된 대규모 연구
진이 모두 나서서 앞이든 뒤든 모든 걸 철저히 조사하죠. 우
리가 한 일에서 잘못된 걸 전혀 찾을 수 없고, 남이 한 일에
서도 어떤 것도 잘못된 거 같지 않고, 우주도 우리를 속일 수
없다는 생각이 들 때까지요. 그게 바로 우리가 한 일이죠. 그
래도 많은 이가 이렇게 말하더군요. "아니야, 그게 맞을 리
가 없어." 우리가 천문학회에서 우주배경복사 스펙트럼을
보여주었을 때 청중은 모두 일어나서 손뼉을 쳤어요. 하지
만 그 순간에도 누가 이렇게 중얼거렸다고 들었어요. "저들

이 집어삼켰어. 낚싯바늘, 줄, 봉돌까지 다."

결국 존 매더의 비판자는 그의 연구를 반박하는 데 실패했다. 존은 아무리 비판받아도 굴하지 않고 계속해서 증거를 들고 다시 나타났다. 비판자의 말에 귀를 기울이고 대응하는 것도 중요하지만, 비판을 내면화하지 않는 것도 중요하다. 어느 분야에서든 궁극적으로 발전하고 성장하려고 힘쓰기보다 자신을 드러내는 데 더 관심을 보이는 이가 종종 있다. 그런 비방자를 늘 무시할 수는 없다. 자신이 해낸 일을 옹호하고 주변의 지지를 받아내는 것도 필요하다. 하지만 비방에 주의를 빼앗기기보다는 인내심을 단련하며 나를 회복하는 데 집중하고 판단은 후세에 맡길 수도 있다.

내가 못 하는 일은 다른 사람이 해낼 것이다

⋙

팀에 관해서 질문하고 싶습니다. 큰 프로젝트를 이끄는 선임 과학자로서 어떤 기준으로 함께 일할 동료를 채용합니까? 과학자도 요즘은 혼자서 일하지 않는데, 팀으로 일할 때는 무엇이 달라야 할까요? 어떻게 과학자로 팀을 꾸려서 관리하고 그들에게 가치를 불어넣습니까?

정답이 있다면 얼마나 좋을까요! 처음 고더드우주비행센터로 갔을 때, 난 겨우 서른 살이었다고요. 이런 마음이었죠. '뭘 어떻게 할지 전혀 모르겠어! 동료 과학자, 공학자 들과 회의하고 함께 방법을 찾아보긴 하겠지만 내가 이 프로젝트를 관리할 순 없어. 내게 질문조차 하지 마.' 결국 관리자가 돼야만 한다는 걸 전혀 몰랐던 거죠. 그래서 센터가 과학자와 공학자를 배정했고, 그들이 내 감독이자 스승이 돼서 프로젝트를 실현할 방법을 찾아냈어요. 정말 어려운 일이었는데 훌륭하게 해냈죠. 난 필요한 모든 재능을 이미 보유한 기존 공학 조직에 합류한 거였어요. 그들은 이 일을 하는 법을 알았죠. 사람들은 내가 했다고 생각하지만요.

자신의 자격이나 실력을 의심했던 적이 있습니까? 소위 가면증후군을 겪은 적이 있는지 궁금합니다.

매일 아침 일어나서 난 아직 이해할 수 없는 뭔가를 연구하지요. 따라서 매일 난 학자인데 아무것도 모르는 사기꾼이 되는 거예요. 그래도 어쩌겠어요. 선택의 여지가 없어요. 그게 내 일이니까요. 아직 이해하지 못한 걸 연구해야 해요. 이따금 이렇게 말할 일이 있죠. "저기에 정말로 영리한 사람이 있군." 그땐 그 사람에게 도움을 청해요. 내가 모르는 걸 아는 사람을 보면 이기려 애쓰기보다 함께 연구하려고 힘쓰는 게 좋아요.

존의 이야기에서 놓치지 말아야 할 교훈이 보였다. 이 겸손한 노벨상 수상자는 모든 것을 아는 사람은 아니고, 스스로 그것을 잘 알았지만 어떤 문제든 결국 해결해 낼 수 있을 법한 자세를 견지하고 있다. 1976년 처음 고다드 스페이스 센터에서 일하기 시작했을 때 존은 어렸다. 대규모 프로젝트를 관리해 본 경험도 없었고 이론도 몰랐다. 하지만 그는 다른 전문가들의 의견에 귀를 기울일 줄 알았다. 그는 자신이 하지 못하는 일을 하는 사람을 만났을 때 위축되거나 이기려 들지 않고 그들과 협력하고 도움을 받길 선택한다. 그는 자신의 이름을 내세우는 것이 궁극적인 목표가 아님을 기억하는 사람이다. 이런 의미에서 존은 섬김형 지도자다. 존은 자기 자존심을 내세우지 않았기에 역사에 남을 발견을 이룰 수 있었다. 프로스포츠도 그렇다. 최고의 관리자는 스스로 자기 팀의 최고 선수가 되는 것이 아니라 자기 팀으로 최고 선수를 데려와야 한다.

큰 그림을 보지 않아도 된다

><

알다시피 알프레드 노벨의 상금은 흥미롭고도 인류에게 혜택을 주는 발견을 한 사람에게 돌아가잖아요. 그런 의미에서 보면 노벨의 유언은 물질적인 동시에 윤리적인 것입니다. 당신은 자신의 연구를 이어갈 후대에 어떤 윤리적 지혜를 남기고 싶습니까?

어려운 문제네요. 나는 우리가 삶의 큰 그림을 보긴 어렵다고 생각해요. 하지만 국지적인 그림은 볼 수 있다고 봐요. 그에 따른 선택이 더 넓은 의미가 있길 바랄 뿐이죠. 가령 이렇게 결심할 수 있죠. '지금 나와 함께하는 사람에게 최선을 다하겠어.' 모두 그렇게 말한다면 다 함께 윤리적으로 한 걸음 나아가는 거죠. 어느 정도 선에서 타협해 버리지 않고 정말 그러는 거예요. 우리 사회가 수백 년 이상 생존하려면 과학자와 공학자의 연구를 굳게 신뢰해야 한단 점은 아주 명확해요. 그래서 그 방향으로 내가 할 수 있는 일을 하고 있어요.

존 매더는 큰 그림을 보려고 시도하기보다는 각자의 자리에서 충실한 것의 힘을 강조하는데, 자신이 그 모범적 사례이기도 하다. 존은 과학자로서 자신이 맡은 역할은 증명하는 것이 아니라 증거를 찾는 것이라 선을 긋는다. 모든 것을 할 수 있다고 자처하기보다 다양한 기술 집합을 갖춘 팀을 꾸리는 것의 중요성을 강조하고 동료들에게 공을 돌린다. 존은 어떤 한 사람이 큰 그림을 볼 수 있는 것이 아니라 각자 국지적인 그림만 볼 수 있지만, 함께 짜낸 태피스트리가 외부에서 바라볼 때는 그 장엄함이 드러나길 바랐다. 그리고 각자가 볼 수 있는 국지적인 그림에 따라 충실하게 살아가며 자기 역할을 하고 서로 방해하지 않는다면 모든 일이 잘되고 세상은 더 풍요로워지리라고 믿는다. 같은 맥락에서 우리가 매일 하는 일이 어떤 의미가 있는지, 삶의 교향곡에 어떤 기여를 하는지 또한 놓치지 말아야 한다. 각각의 연주자가 교향악단에서 함께 연주할 때에야 비로소 우리는 그 일의 진정한 목적을 알게 된다.

바람이 불면 휘어지면 된다

⋙

1986년 우주왕복선 챌린저호 참사(나사 우주왕복선 챌린저호가 발사 직후 폭발하며 탑승 대원이 전원 사망한 사건. 이 이후 대통령 직속 사고조사위원회에서 나사를 대대적으로 조사했고 그 결과 나사 내부의 관리와 의사결정과정에 큰 변화가 있었다—옮긴이) 이후에 코비 위성에 대한 계획을 전면적으로 수정해야 했습니다. 코비가 이제 나사의 우주왕복선을 타기 어려워졌으니까 말입니다. 이런 크나큰 난제를 어떻게 극복했습니까?

꼭 지켜야 할 거대한 계획 같은 건 없다고 생각해요. 모든 일은 맞닥뜨릴 때 대처하는 거죠. 우리 관리자 중 어떤 사람이 이렇게 말했죠. "길을 찾아낼 거야. 여기까지 왔는데 포기할 수 없어." 다들 같은 마음이었어요. 그러면 결론은 하나죠. "다른 로켓을 찾자." 우주왕복선을 쓸 수 없게 된 상황에서 대안을 찾아낸다는 게 사실 보통 일은 아니지만 우린 결국 해냈어요. 실제로 온전한 로켓이 없어서 여기저기 널려 있는 부품을 모아서 조립해야 했어요. 쉽지 않았지만 많은 사람이 우리가 수행하는 계획이 얼마나 큰 의미가 있는지 알았고 힘을 보탰어요. 로켓을 찾아낼 수만 있다면, 코비는 나사가 챌린저호 이후 최초로 과학 조사를 목적으로 발사하는 위성이 될 수 있었거든요.

운은 양쪽으로 작용한다. 앞서 존이 말했듯이 때로는 과분한 행운이 찾아올 것이다. 또 때로는 불운이 뺨을 냅다 갈기기도 한다. 챌린저호 사고는 비극이었다. 목숨을 잃은 우주비행사들과 그 가족에게는 물론 과학에도, 미국에도 비극이었다. 나사 역시 큰 위기를 마주했다. 그 여파로 코비 계획도 끝장날 수 있었다. 코비 위성은 다음 해에 그 우주왕복선에 실려서 발사될 예정이었기 때문이다. 사고 이후 리처드 파인먼을 비롯한 전문가로 대통령 직속 사고조사위원회가 꾸려졌고, 챌린저호를 포함해 나사의 모든 절차가 조사 대상에 포함되었다. 모든 우주왕복선 발사 사업은 안전을 이유로 미루어졌고, 조사 결과에 따라 자칫하면 좌초될 수도 있었다.

다행히도 코비 프로젝트는 계속될 수 있었고, 나사 또한 철저한 성찰과 개선 끝에 더 강하고 회복력 있는 조직으로 거듭났다. 프로젝트의 팀원들 또한 인내력이 단련되어 매우 열악한 상황에서도 전력을 다할 수 있었다. 모든 일은 맞닥뜨릴 때 대처할 수 있을 뿐이라는 매더의 답은 공자가 했다고 전해져 오는 유명한 말을 떠올리게 한다. "바람에 휘어지는 갈대가 폭풍에 부러지는 힘센 참나무보다 강하다." 힘은 미덕이지만 우리 통제 범위를 완전히 벗어난 상황이 벌어질 때도 한 방향만 고집하며 버틴다면 역풍을 맞을 수밖에 없다. 유연해져야 할 때를 아는 이만이 계속 나아갈 수 있다. 폭풍은 지나가기 마련이니까.

궁극적인 목표는 지금 한 번 이기는 것이 아니다

✕

대중은 영예, 자존심, 정치가 난무하는 과학계를 상상하곤 합니다. 대중과 만날 때 과학계의 어떤 모습을 보여주고 싶습니까?

내가 보기에 우린 결국 함께 일하는 사람들이에요. 경쟁자이긴 해도요. 당신이 어떤 연구 프로젝트를 하고 있고, 나도 같은 걸 측정하는 프로젝트를 진행하는데 각자 다른 답을 얻는다면 아주 중요한 과제가 생긴 거죠. 우리 일은 이기고 지는 게 아니라 증거를 구하는 겁니다. 증거를 찾는다면 그게 바로 이기는 거죠. 내가 생각하는 훌륭한 과학자는 늘 이렇게 말하는 사람이에요. "난 증거를 더 많이 찾을 거야. 누군가에게 날 믿으라고 강요하려고 애쓰지 않아. 그냥 증거를 더 많이 얻으려고 애쓸 뿐이야." 난 내게 공로가 돌아오게 하는 데 크게 신경 쓴 적이 없어요. 공로를 쌓는 방법은 먼저 다른 이들의 노고를 알아보고 인정해 주는 것뿐입니다. 실제로 그렇지 않은데 자신한테 공로가 있다고, 자기가 해낸 거라고 주장한다 한들 그렇게 받은 인정이 며칠이나 갈까요. 그 뒤에 누군가에게서 공로를 빼앗은 사람이라고 기억될 따름이죠. 진실은 우리가 모두 한배를 타고 있다는 거예요. 비록 그렇게 느껴지지 않는다고 해도요.

《포천》 500 명단에 든 기업의 여느 이사회실 못지않게 과학계에서도 특권과 영예를 차지하려는 경쟁이 벌어진다. 존은 과학자가 하는 일의 궁극적인 목적은 진리의 추구임을 상기하게 한다. 경쟁이 나쁜 것은 아니지만 과해지면 일의 실제 목적에서 멀어지게 된다. 이 말은 얻는 것이 많든 적든 상관없이, 궁극적으로 같은 목표를 좇는 과학자들만이 아니라 자동차 판매 직원 같은 다른 분야의 사람들에게도 적용된다. 최다 판매 직원 같은 영예를 차지하고자 술책을 부리며 경쟁을 벌이면 단기적으로 차를 더 많이 팔지도 모른다. 그러나 장기적으로 훨씬 더 큰 매출을 올리고 싶다면 성실하고 정직하다는 평판을 얻어서 그런 사실이 입소문을 통해 널리 퍼지게 해야 할 것이다. 설령 때로 고객을 경쟁자에게 보내더라도 말이다. 노벨상을 받지는 않았지만 미국 대통령을 두 차례 역임한 해리

트루먼은 유명한 말을 남겼다. "공을 세우는 일에 연연하지 않을 때 우리가 무엇을 성취할 수 있는지 안다면 놀랄 것이다." 존 매더도 그렇게 생각하는 사람이다. 마지막 질문에 대한 존의 대답이 그가 어떤 사람인지를 다시 한번 알려준다.

수백만 년 또는 수십억 년을 견딜 타임캡슐에 어떤 정보를 넣겠습니까?

태양계 밖으로 보낼 다음 보이저호의 레코드판에는 유엔 세계인권선언을 녹음하고 싶어요. 그 선언은 인류는 함께할 수밖에 없는, 운명을 같이하는 존재란 메시지를 담고 있어요. 사람들에게는 실제로 자기 자신과 상대를 존중하고 존엄하게 대하고자 하는 마음이 있다고 생각해요. 난 우리가 그렇게 할 수 있다고 생각하지만, 그러려면 우리 자신을 지금보다 좀 더 잘 이해해야 할 거예요.

마크 에드워즈, 「별을 보는 사람들」

우리가 매일 하는 일이 어떤 의미가 있는지,
삶의 교향곡에 어떤 기여를 하는지 또한 놓치지 말아야 한다.
각각의 연주자가 교향악단에서 함께 연주할 때야
비로소 우리는 그 일의 진정한 목적을 알게 된다.

관측 위성 코비

최종적으로 빅뱅의 손을 들어준 한 방

존 매더는 동료 수상자인 조지 스무트 및 연구진과 함께 코비 위성을 10년에 걸쳐 제작하고 발사해 결국 기념비적인 발견을 해내기까지 핵심적인 역할을 했다. 그 위성은 극도로 민감한 성능과 명확하고 신뢰도 높은 측정 능력을 갖춰 불완전한 부분이 거의 없을 정도로 완벽하게 다듬은 장치다. 새로운 측정값을 통해서 연구진은 우주가 과거에 핵융합로였음을 명백하게 증명했다. 그 핵융합로는 주기율표에서 가장 가벼운 원소를 생산했고, 가벼운 원소들은 나중에 항성을 형성하는 연료가 되었다. 그리고 항성의 성분에서 결국 행성과 사람이 만들어졌다.

존과 연구진은 초기 우주라는 핵융합로에서 생성된 원자핵의 기본 특성을 절묘할 만치 정밀하게 밝혀냈다. 덕분에 우리는 우주의 정확한 조성을 이해할 수 있었을 뿐 아니라 이른바 정상우주론Steady State Universe 같은 빅뱅에 기대지 않은 경쟁 이론을 사실상 제외할 수 있었다. 존의 연구 결과가 나온 뒤 빅뱅이 아닌 다른 이론을 주장하는 이들은 변방에 조금 남아 있는 수준으로 전락했다.

9장

과학도 사람 간의 일이다

실패를 좀 더 허용해줘야 해요.
지금까지 겪은 거보다
훨씬 더 많은 실패를요.
더 큰 꿈을 이루길 바란다면
실험가에게 더 느슨한 기준을 적용해야 해요.

———————————————

배리 배리시
2017년 노벨물리학상 수상자

좋은 사람이 좋은 결과를 낸다고 믿고 싶어질 때 나는 배리 배리시를 떠올린다. 캘텍 물리학 명예교수이자 UC 리버사이드 교수인 배리는 1997년 라이고 프로젝트의 책임자가 되었다. 2017년 라이너 바이스, 킵 손과 함께 "라이고 검출기와 중력파 관측에 결정적으로 기여한 공로로" 노벨 물리학상을 받았다. 라이고 프로젝트에 참여하기 전에 배리는 1993년 미국 의회에 의해 중단되기 전까지 초전도초대형입자가속기ssc 프로젝트에 참여하고 있었다. 노벨상 외에도 무수한 상을 받은 배리는 미국국립과학아카데미 회원이며 2011년에는 미국물리학회 회장을 맡았다.

배리는 모든 면에서 유능한 과학자다. 실무적인 기

술 전문 지식, 동기를 부여하고 이끄는 인간관계 기술, 언제 그만두고 언제 두 배로 노력을 쏟아야 할지를 아는 과학적 판단력을 고루 갖추고 있다. 배리는 과학자들이 대개 주의를 기울이지 않는 이른바 사회적 기술에도 전문가다. 관계를 맺고 인맥을 형성하는 데 능하며 사제 관계와 의사소통의 중요성을 잘 안다. 이 모든 능력은 배리의 호기심에서 비롯한다. 배리는 인터뷰를 마치고 나서 반대로 나를 인터뷰할 수 있는지 물었다. 내가 쓴 첫 책『노벨상을 놓치다』에서 다룬 문제 중 몇 가지가 자기 호기심을 자극했다는 것이다. 그 대화는 내 인생에서 몹시 짜릿한 사건이 되었다. 배리의 삶은 그 중심에 진리가 놓여 있다. 뒤에서 알게 되겠지만, 배리는 약점 드러내기를 주저하지 않는다. 나는 배리와 같은 '과학자'가 되고 싶을 뿐 아니라 그와 같은 '사람'이 되고 싶다. 그는 관대하며 통찰력 있고 정직하며 상냥하기 때문이다. 나는 나 자신뿐 아니라 나를 믿고서 자기 경력을 맡긴 학생들에게서도 이런 품성을 길러내고 싶다.

편안함이야말로 위험하다

><><

당신은 입자물리학을 떠나서 라이고 프로젝트에 참여했습니다. 자신이 자리 잡은 분야를 떠날 때 겁나지는 않았는지 궁금합니다.

의욕이 넘쳤지요. 겁먹을 이유가 어디 있어요? 겁먹을 이유는 딱 하나뿐입니다. 자신이 하는 일이 너무나 편해지는 거죠. 그러면 자신을 충분히 밀어붙이는 게 아니거든요. 하는 일이 그다지 흥미롭지 않단 뜻이기도 하죠. 난 늘 다른 뭔가를 추구해 왔어요.

배리의 말을 듣자 마치 누군가가 나를 멈추어 세운 것 같았다. 맞는 말이었다. 두려워할 이유가 없었다. 도전은 때로 고통스럽지만 그 고통이 발견을 촉진할 수 있다는 배리의 말은 지금 내 상황과 내가 하던 모든 일을 재평가하게 했다. 우리는 새로운 일에 나설 때 다양한 분야에서 앞서 개발한 도구를 동원한다. 그 조합은 아주 강력할수 있다. 초보자의 자유로운 마음가짐과 수십 년간 쌓은 경험으로 가득한 고급 연장통이 상승효과를 일으키는 것이다. 이런 도전 과제는 환영할 만한 기회다. 두려움의 이면은 정체나 악화이기 때문이다. 그런 도전에 나서야 성장의 계기를 잡을 수 있다. 자신이 맞닥뜨린 도전을 그런 관점에서 바라본다면 의욕이 넘치게 된다. 배리 배리시는 내게 두려움을 마주하는 자세를 가르쳐주었다. 변화할 기회가 있다면 피하기보다 오히려 더 깊이 뛰어들도록, 두려움을 느낀다면 더 가까이 다가가도록 촉구하는 배리의 목소리를 들으면 새삼 강인해질 것만 같다.

좌절 앞에 할 일은 나아가는 것뿐이다

><

당신은 초전도초대형입자가속기 프로젝트가 취소되었을 때 라이고 프로젝트에 참여할 자유를 얻었습니다. 그렇지 않았다면 라이고 프로젝트는 수립되지 않았을지도 모르고, 노벨상도 받지 못했겠지요. 돌이켜 보면 우연히도 그 입자가속기 건설 계획 취소가 당신에게 일어난 아주 좋은 일이 아니었을까요?

그 말은 어떤 의미에서는 사실이에요. 나도 그렇게 생각하
길 좋아하거든요. 우리가 그때 중력파를 찾게 된 데 조금은
내 공도 있다고요. 물론 일이 그렇게 풀린 게 다 내가 한 결
정은 아니었죠.

평생을 노력해 인류 역사상 물리학자들이 일군 것 중
가장 중요하다고 평가되던 프로젝트에 참여하게 되었다
고 상상해 보라. 다름 아닌 초전도초대형입자가속기 프로
젝트에 말이다. 그런데 자신이 어찌할 수 없는 소심한 정
치적 이유로 그 프로젝트가 취소된다. 대부분은 이때 지
독한 좌절을 느낄 것이다. 하지만 배리는 그때 자리를 털
고 떠나면서 말했다. "알았어. 그러면 이제 어디로 갈까?"
게다가 배리는 유럽에서 구상하고 있던 대형강입자가속
기Large Hadron Collider에 참여할 기회도 있었다. 자신이 수십
년 동안 쌓아온 경력에 딱 들어맞는 일이었다. 실제로 그
가속기는 이른바 '신의 입자'라고 하는 힉스입자를 발견하
는 데 성공했다. 그러나 배리는 그 대신에 중력파 검출기

라는, 지금까지의 이력과 무관하고 많은 사람이 의심스러운 시선으로 바라보던 프로젝트에 뛰어드는 위험천만하지만 엄청난 도약을 했다. 배리는 자기 경력을 끝냈을 수도 있을 사건을 황금 같은 기회로 바꾸었다.

늙은 개에게 새 기술을 가르치라

✕

라이고에서 일하면서 무엇이 가장 매혹적이고 흥미로운 요소였습니까?

난 늘 라이고가 하늘을 보는 새로운 방식을 의미한다고 생각했어요. 광자, 그러니까 빛 대신에 중력을 써서 하늘을 보는 거예요. 그 말은 새로운 종류의 천문학으로 하늘을 살펴볼 수 있다는 뜻이었죠. 중력파는 흡수되지 않으니까 초기 우주에서 오는 중력파를 직접 관찰할 수 있다면 우주가 생긴 지 수십만 년 후가 아니라 우주의 첫 순간을 돌아볼 수 있단 뜻이거든요. 완전히 새로운 접근법이었어요. 그런 가능성에 무척 끌렸고 낭만을 느꼈어요.

같은 도구도 새로운 관점을 적용하면 때로는 예상치 못했던 힘을 발휘한다. 개념상 라이고는 광속으로 여행하는 신호를 측정해 우주의 가장 멀리 떨어진 곳에 관한 정보를 알아내는 다른 유형의 관측소들과 다르지 않다. 그러나 쓰는 기술도 전혀 다르고 연구 분야 자체도 다르다. 천문학 분야에서 1609년 갈릴레이가 한 것과 비슷한 전환이다. 망원경은 이미 존재하는 기술이었지만 망원경으로 천체를 관측한 것은 갈릴레이가 처음이었다. 그럼으로써 갈릴레이는 우주 전체와 그 안에서의 우리 위치를 보는 관점과 이해에 혁신을 일으켰다. 그 뒤로 인류는 망원경을 써서 은하의 기원, 별의 기원, 시간의 시작을 연구해왔다. 마찬가지로 라이고의 특별함 역시 그 기술에 있었다기보다는 그 기술을 적용해 중력파를 측정하겠다는 계획을 세운 사람의 목표에 있었다. 그러나 라이고는 아직 그 한계를 가늠하기 어려울 만큼 큰 발견의 가능성을 열어주었다. 때로는 단순히 접근방식을 달리하는 것만으로도 기존 도구로 새 문제를 풀 수 있다.

어떤 것은 알 수 없지만,
어떤 것은 아직 알 수 없을 뿐이다

><

양자역학과 중력의 통일이 이루어져야 한다고, 이른바 만물의 이론을 알아내야 한다고 말하는 사람이 있지 않습니까? 꼭 그런 것이 있어야 할까요? 어쩌면 아인슈타인이나 몇몇 사람이 시도했다는 이유로 그냥 해야 한다는 편견이 생긴 것은 아닐까요?

편견일 수도 있다고 생각해요. 과학자로서는 양쪽을 잇는 다리가 분명히 있을 거라는 발상이 매력적이죠. 탐구해 볼 가치는 있다고 봐요. 하지만 과연 그게 진리로 나아가는 절대적인 길일까요? 난 그렇게 보진 않아요. 그게 잘못된 방향일 수도 있어요. 하지만 중력파나 우주배경복사도 그전까지 본 적이 없는 거였어요. 원래 추구하던 방향이 절대적으로 옳다고 믿었다면 살펴보지 않았겠죠. 하지만 이런 선택을 할 때 당장 정설에서 거리가 먼 것이라도 어느 정도의 전망과 진척될 가능성은 엿볼 수 있어야 해요.

배리와 연구진은 불가능해 보이는 것을 시도하는 놀라운 용기를 냈다. 그들은 가능한 것의 한계를 찾고자 했고, 따라서 불가능 속으로 뛰어들어야 했다. 갈릴레이의 시대에는 달이 완벽한 결정물질로 이루어진 매끄러운 공이라는 견해가 주류였다. 당시의 과학으로는 달리 생각하기가 불가능했다. 그러나 그것이 절대적으로 진리여야 했을까? 그렇지 않다. 갈릴레이는 불가능해 보이는 것을 상상할 용기가 있었다. 블랙홀에서 사건의 지평선으로 들어간 다음 살아남아 무엇을 봤는지 전하는 것처럼 대단히 흥미롭지만 불가능한 일도 있다. 그러나 불가능해 보이지만 실제로는 그저 기술적인 난제에 불과한 것도 있다. 한때 중력파를 측정하려면 과학이 아니라 마법이 필요할 것 같았다. 그러나 라이고 연구진은 단념하지 않았다. 아서 클라크의 말대로였다. "가능성의 한계를 발견할 방법은 그 한계를 좀 더 지나서 불가능 속으로 나아가는 것밖에 없다." 그것이 바로 배리와 연구진이 구현한 것이다.

부족한 것은 도구가 아닐 수도 있다

><

우주는 가속으로 팽창하고 있지요. 그런데 그 속도를 측정하는 허블상수의 값이 망원경으로 계측했을 때와 중력파 관측소에서 우주배경복사를 통해 예상했을 때가 달라서 논란이 되고 있습니다. 허블긴장이라고들 하는 것인데, 개인적으로도 관심이 있습니까?

우리도 라이고로 허블상수를 측정했어요. 이런 차이가 앞으로 10년 동안 이어진다면 원인을 알아낼 수 있다고 봐요. 하지만 그러려면 데이터가 지금의 천 배는 있어야 해요. 이건 시스템에 한계가 있어서가 아니라 그저 아직 데이터를 충분히 얻지 못해서라고 생각해요. 10년이면 데이터가 충분히 쌓일 거로 봅니다. 어떤 미래의 장치가 아니라 라이고로도 할 수 있어요. 라이고를 개선하면 될 거예요.

배리는 이런 유형의 측정을 하려면 장치를 상당히 개선해야 하겠지만, 수십억 달러가 들 새 장치가 꼭 필요한 것은 아니라고 말한다. 새로운 장치를 만든다고 해도 원하는 결과를 얻지 못할 수도 있다. 자신에게 이미 있는 도구를 활용하라. 원하는 곳으로 데려다주지 못할 수도 있는 미래의 어떤 이상적인 탈것에 올라타려고 하기 전에 현재 상황에서 얻을 수 있는 것을 최대한 짜내는 것이 먼저다. 반들거리는 새 장치로 바꾸기 전에 지금 있는 장치로 최대한 얻어내라.

안전한 선택은 예상할 수 있는 결과만 얻을 수 있다

><×<

당신은 언제 실험을 중단합니까? 다른 실험으로 옮겨 갈 때가 되었다는 것을 어떻게 알 수 있을까요? 실험을 바꾸어야 한다는 생각이 드는데, 현실적인 문제가 있을 때는 또 어떻게 합니까?

과학계에서 자주 겪는 문제는 제도가 너무 보수적이라는 거예요. 과학이 지금보다 발전하지 않은 이유도 여기에 있죠. 과학계 사람들은 동료심사peer review라는 절차를 무척 중시해요. 하지만 동료심사는 사실 아주 보수적이에요. 우린 연구비를 따내려고 연구 제안서를 내요. 하지만 제안서가 지금까지의 상식을 벗어난다면, 심사 평가서에 '탁월함'이라고 적히지 않죠. 그리고 연구비는 미국국립과학재단에서 나오는데, 재단은 의회에 보고하는 처지죠. 실패를 좀 더 허용해 줘야 해요. 지금까지 겪은 거보다 훨씬 더 많은 실패를요. 더 큰 꿈을 이루길 바란다면 실험가에게 더 느슨한 기준을 적용해야 해요. 그러면 과학이 더 빨리 발전하리라고 예상해요.

큰 보상에는 큰 위험이 따른다. '쓸모없는' 연구의 중요성은 이 책의 물리학자들이 거듭해서 강조하는 주제다. 무모하고 무용해 보이는 도전이 성공하면 엄청난 발견으로 이어진다. 라이고 연구진이 프로젝트를 포기하거나 라이고에 연구비 지원이 끊겼다면 우리는 블랙홀끼리 충돌하거나 먼 은하에서 초신성이 폭발하는 현상을 관측할 수 있었을까? 안전해 보이는 선택만 해서는 큰 혁신을 기대하기 어렵다.

사람을 이해하는 체계가 혁신으로 이어진다

✕

당신은 관리자로서 누구를 고용하고 어떤 일을 맡길지 아주 신중하게 고심하는 분이죠. 내가 전에 읽을 만한 책이든, 들을 만한 강좌이든, 따라 할 만한 지도자든, 좋은 관리자가 되는 지름길이 있다면 뭐든 알려달라고 몇 번 부탁한 적이 있는데 그때마다 늘 이렇게 말했습니다. "미안, 지름길 같은 건 없어." 그렇다면 당신은 어떻게 자신의 과학 연구 관리 기술을 개발했습니까?

관련 책도 많이 읽었고 그 책을 참고하긴 했지만 그대로 따라 할 순 없었어요. 제가 운영해야 하는 종류의 조직은 성격이 달랐거든요. 그런 책 대다수는 어느 정도 수직적인 조직을 전제로 쓰였는데, 과학자는 대체로 누구의 명령을 듣지 않아도 되는 수평적인 기관에서 일해요. 일단 관리자는 반드시 과학자가 해야 해요. 과학적 지식 없이는 내릴 수 없는 결정이 너무 많으니까요. 좀 폭이 넓은 과학자라면 더욱 좋고요. 관리에 특화된 전문가를 잔뜩 데려온다고 해도 소용없죠. 우리에게 중요한 성공의 열쇠가 있다면 통합이에요.

가령 라이고엔 세계 최고의 레이저 전문가도 있고, 기기 제어를 환상적으로 해내는 연구자도 있죠. 그들이 하나의 악기를 연주하듯 자연스럽게 협력하도록 하는 게 가장 중요한 과제였는데, 그걸 흔히 말하는 시스템엔지니어링 방식으로 자꾸 조건을 정하고 분류하면서 접근하면 필패해요. 함께 자유롭게 일할 방법이 뭔지에 집중해야 하죠. 가능하다면 조직마다 있는 변화 통제 체계를 없애거나 최대한 약화하는 게 좋아요. 늘 흐름을 타고 미래를 바라보면서 움직이는 게 중요하죠.

이런 결론은 그냥 나온 것이 아니다. 배리는 오랜 기간 전통적인 조직구조와 관리 체계를 연구했다. 그다음 자신의 상황, 즉 학계의 특성에 대해 생각했다. 학계는 수직적 조직이 아니라 산업이나 금융 분야와는 달랐다. 여기서 무엇이 통하고 무엇이 통하지 않을지 판단한 뒤 배리는 관리 체계를 역설계하여 자신의 프로젝트에 딱 맞는 것을 개발했다. 모든 상황에 들어맞는 관리 체계는 없다. 모든 산업의 모든 조직이 '설명서를 읽은' 다음에는 그것을 내버리고 자체 설명서를 작성한다고 상상해 보라. 체계는 훨씬 더 효율적이고 성공적으로 운영될 것이다.

스스로 설정한 한계 넘어서기

⁓

젊은 자신에게 위협적이고 불가능하게 느껴졌지만, 용기를 내고 노력해서 가능해진 것이 있을까요? 젊은 자신에게 어떤 조언을 해주고 싶습니까?

나한테는 큰 문제가 있었어요. 지금은 별로 드러나지 않지만요. 수줍음을 많이 탔다는 거예요. 뭘 해도 수줍어했어요. 마음속으로는 모험심이 많았을지 모르지만, 훗날 성공을 경험하면서 자신감이 생길 때까지 아주 과묵했어요. 내면의 확신을 얻을 만큼 성공을 많이 경험하게 돼서 다행이었죠.

가면증후군을 겪은 적 있습니까?

그럼요. 노벨상 시상식 때의 일화를 들려줄게요. 국왕에게 상을 받는 거 자체도 아주 부담스러운 자리죠. 그런데 그 뒤에 수상자를 노벨재단으로 데려가요. 거기서 공식 사진을 찍고 나서 작은 책자를 내밀거든요. 가죽 장정에다 우아한 장식도 있죠. 책자를 펼쳐서 서명해 달라고 해요. 당연히 호기심이 동하죠. 그래서 앞쪽을 들춰 봤죠. 아인슈타인과 리처드 파인먼의 서명이 보여요. '어떻게 내가 같은 등급에 놓일 수 있지?' 다른 때도 그랬지만 특히 그 순간에는 확실히 가면증후군을 겪었죠.

인류를 위해 어떤 지혜를 남기고 싶습니까?
난 아주 실용적인 가르침을 남기고 싶어요. 다섯 살이나 일곱 살짜리 아이는 대단히 호기심이 많아요. 모든 걸 알고 싶어 하죠. 그런데 그 호기심 많은 아이가 더 자라서 캘텍에 들어오고 나면 이제 질문하질 않아요. 그냥 내주는 숙제만 하려고 하죠. 문제를 풀 수 없을 때만 질문할 겁니다. 어떻게 된 건지 모르겠지만 교육 체계가 호기심을 죽이고 있어요. 호기심이 해롭다는 격언까지 있을 정도죠. "호기심이 고양이를 죽인다." 그 말은 사실 골치 아플 일은 아무것도 시도하지 말라는 뜻이죠. 내가 말하고 싶은 건 그 반대로 가라는 거예요. 호기심이 동하면 따라가야 합니다. 그런다고 죽진 않을 거예요.

한때 수줍고 주춤거렸던 배리는 이제는 틀을 깨는 사람이 되었다. 배리는 과거의 권위나 성공 혹은 기존 체계에 얽매이지 않는다. 적극적으로 호기심을 좇아 변화를 선택할뿐더러 맹목적으로 기존 체계를 고수하는 대신 그것을 참고해 목적에 맞는 새로운 관리 체계를 고안했다. 심지어 입자물리학자로 자리 잡은 뒤에도 그 틀에서 벗어나 새로운 도전을 했다. 배리는 우리가 선택에 따라 얼마든지 달라질 수 있는 존재라는 것을 상기시킨다.

이 인터뷰를 하면서 나는 자기도 모르게 설정한 자신의 한계가 어떻게 사람을 숨 막히게 하는지 생각하게 되었다. 많은 사람이 나이를 먹으면서 호기심을 점점 잃어간다. 자신이 이곳에 있을 자격이 있는지 없는지 고민하느라 집중하는 데 쓰기에도 부족한 힘을 소모하고 만다. 하지만 배리의 말처럼 이루고 싶은 것이 있다면, 편안한 것이야말로 경계해야 할 일이다. 조금 불편하고 어색하다면 새롭고 대담한 시도를 하고 있기에 그럴지도 모른다. 안전하고 보수적인 방향은 혁신을 제한한다. 배리는 호기심과 자신감을 장려하고 용기 있는 선택을 의식적으로 고취하지 않을 때 창의성을 놓치게 된다는 점을 강조한다.

세상에는 불가능한 일도 있다.

그러나 그저 불가능해 보이는 일도 있다.

마크 에드워즈, 「까마귀를 세는 사람」

중력파 검출
40년의 고집이 이룬 승리

킵 손, 배리 배리시, 라이너 바이스와 그 연구진은 라이고에서 중력파 검출기를 구상하고 개발했으며 이윽고 관측 결과를 내놓았다. 인류가 중력파를 직접 검출한 최초의 사례였다. 블랙홀과 중성자별 같은 이른바 밀집천체compact object뿐 아니라 우주의 천체물리학적 과정에서 이 밀집천체가 하는 역할에 관한 이해에도 혁신을 일으켰다. 이는 갈릴레이가 달에서 크레이터를 발견한 것에 맞먹는 발견으로, 천문학의 역사를 넘어서 인류 역사에 분수령이 된 사건이다.

이 프로젝트는 레이저와 진공 기술 등 극도로 강력한 기술을 비롯해 여러 분야의 기술이 결합한 결과물이다. 이론물리학자와 실험물리학자의 아주 섬세하면서 긴밀한 상호작용이 필요했다. 그 결합은 경이로운 발견을 낳았다. 중력파의 존재 자체는 예견되어 있었다. 아인슈타인은 일찍이 1916년에 중력파를 예측했지만 절대 검출할 수 없을 것으로 생각했다. 지난 세기에는 중력파를 검출해 낼 기술이 생기리라고는 상상도 할 수 없었기 때문이었다. 수십 년 동안 과학자들은 중력파가 존재할 것이라는 정황 증거만 확보하고 있었을 뿐이었다. 라이고 연구진의 과학적 성취도 놀랍지만 그 이론상의 파동을 측정할 수 있다는 믿음으로 40년 동안 연구비를 따내고 인식을 제고한 끝에 목표를 이룬 과정 자체가 경이롭다.

운, 재능 그리고 한 가지 더

여전히 꽤 많은 사람이 과학자라고 하면 사회성은 다소 부족하고 자기 세계에 푹 빠져 있는 천재를 떠올린다. 하지만 실제 과학자의 특성은 인류 자체만큼이나 다양하다. 나는 이 책을 통해 신기한 대상이 아니라 한 인간으로서 갈등하고 때로 실패하고 이겨내는, 여러분과 같은 과학자를 보여주고 싶었다.

한편으로는 겁이 났다. 감당할 수 없는 일에 도전하는 것이 아닐까 하는 생각도 들었다. 나는 노벨상을 받은 이 과학자들이 대체로 특권과 행운의 수혜자라고 가정했다.

이 책에 실린 사람 중에는 최고의 명문 고등학교에 들어가는 특혜를 누린 이가 많다. 게다가 또 상당수가 경력을 쌓기 시작했을 때 딱 맞는 시기에 딱 맞는 곳에 있었기에 노벨상의 영광으로 이어진 연구과제에 참여할 수 있었다. 그렇다면 그들로부터 무엇을 배울 수 있다는 것일까? 사람들에게 노벨상 수상자처럼 생각하는 법을 알려주는 것은 복권에 당첨되는 법을 조언하는 것만큼 쓸모없는 일이 아닐까?

그러나 이 책에 등장한 수상자들은 모두 행운이 결정적인 역할을 했음을 인정하는 한편으로 행운만으로는 절대로 충분치 않았음을 입증하는 헌신과 결연한 의지를 보여준다. 행운은 준비된 사람에게 찾아온다는 격언 그대로다. 대중은 이런 과학자의 천재성에 감탄하고 그들이 누린 기회며 영예를 질투하지만 정작 그들이 통과해야 했던 무수한 갈등과 인내의 시간에 대해서는 알지 못한다.

내가 인터뷰했던 수상자들에게 노벨상은 인생의 결승선도, 연구의 종착점도 아니었다. 그들은 더 대단한 것을 이루지 못할까 봐 두려워하거나 상의 영광에 휘둘리는 기색 없이 여전히 자신만의 호기심을 따라 새롭게 지적 변경을 넓혀나갔다. 멈추지 않고 세상을 탐색하는 그들의 모습은 우리 모두에게 마치 이렇게 말하는 것 같다. 지금 당신이 무엇을 이루었든 간에 세상에는 재미있는 것이 얼마든지 남아 있다고.

그들은 세상을 바꾼 자신의 연구를 말하면서 조금도 으스대지 않고 어떤 미사여구도 쓰지 않으며 오만한 태도를 보이지도 않았다. 겸손하고 소박한 그들의 자세는 마음을 영민하게 닦고 전력을 다할 때 그 밖의 것에 연연하지 않게 된다는 진실을 알려준다. 우리는 그들의 행운이나 재능을 모방할 수는 없다. 그러나 그 재능을 빛나게 하고 기회를 열어주었던 태도와 철학은 흉내 낼 수 있다. 또이들은 이 모든 것의 연료 역할을 하는 비법도 밝힌다. 바로 호기심이다.

열정 대 호기심

"열정을 따르라"라는 조언을 흔히 듣는데, 내가 볼 때 그 조언은 무의미하다. 누군가가 그런 조언을 할 때면, 나는 그 열정이 무엇을 가리키든 간에 그저 대화를 끊는 방법으로만 유용한 것이 아닐까 하는 생각이 든다. 그런 조언을 받고 나면 할 말이 없어지기 때문이다. 열정을 따르라는 조언은 좋아하는 일을 직업으로 삼으라는 뜻으로 들린다. 그러나 어떤 분야를 좋아한다고 그 일을 생업으로 삼았다가는 지속해 나가기 힘들 수 있다. 현실적인 선택을 하라는 것이 아니다. "호기심을 따르라"가 훨씬 더 사려 깊은 조언이다. 이는 수상자들에게서 반복해서 들은 조언이기도 하다.

호기심을 따를 때 우리는 언제나 더 깊은 이해에 도달하게 될 것이다. 무언가에 열정을 느낄 때 우리는 도파민이 주는 빠른 쾌감을 맛보고자 그 일에 몰두한다. 그러나 진정으로 호기심을 느낄 때는 도파민의 쾌감만으로는 절대 충분치 않을 것이다. 호기심은 쉽게 지치지 않고 좌절되지 않는 다른 보상 기구를 활성화한다. 무언가에 열정을 품는 것은 아주 바람직하다. 우리는 십여 가지가 넘는 일에 열정을 느낄 수도 있다. 그러나 경력을 쌓고 업적을 이루고자 한다면, 자신이 가장 호기심을 느끼는 것에 시간과 노력을 투자하기를 권한다. 호기심은 어떤 주제든 더 많이 배울 수 있도록 해주는 입장권이나 다름없다. 유지할 수 있다면, 자기 자신을 전문가라고 여기는 함정에 결코 빠지지 않을 것이다. 그리고 자기 자신을 전문가라고 여기지 않는다면 가면증후군에 시달릴 가능성도 더 작아진다.

당신은 가짜가 아니다

✂

이 책에 등장한 과학자들은 경이로운 창의성을 보여주었다. 그들이 정체되거나 오만해지지 않도록 자기 자신을 자극하고 관리하며 미지의 영역으로 나아가는 모습은 누구에게나 깊은 영감을 준다. 여기서 중요한 것은 그들의 재능이 단순히 지적인 탁월함에 그치지 않는다는 것이다. 그들은 적절한 소통과 지도력의 중요성을 누구보다 잘 알고 있었다. 설령 자기 분야에서 최고라 할지라도 자기 자신을 표현할 사회적 기술이 없다면, 아무도 그 성과를 알거나 이해할 수 없다는 것을 우리 모두에게 곱씹어보게 한다.

이들을 인간으로서 만날수록 나는 그들이 우리 모두가 마주하는 것과 동일한 불안, 도전, 투쟁, 공포에 직면하는 평범한 사람임을 알 수 있었다. 그것이 그들의 이야기를 엮는 하나의 공통점이었다. 바로 그들 중 다수가 자신이 해낼 수 있을지, 자신에게 자격이 있을지, 다른 사람들이 자기가 가짜라는 것을 알아차리지나 않을지 의심한 것이었다. 심지어 노벨상을 받는 순간에도, 그다음에도 그런 불안과 의심은 끝나지 않았다. 그것이 가면증후군이다.

가면증후군은 한계를 짓는 믿음의 한 형태다. 나는 내가 겪는 문제가 종종 이런 자기 의심을 떨치지 못해서 일어난다고 생각했다. 하지만 그처럼 무한히 생산적이고 창의적인 동료들 또한 파괴적인 내면의 서사를 품고 있었

다. 그들이 나와 달랐던 것이 있다면 자기가 해내지 못하
리라는 두려움에 떨며 멈추기보다는 하던 일을 계속하고,
호기심을 좇고, 새롭게 도전했다는 점이다.

한 가지 역설도 발견했다. 경력 초기에는 다른 사람들
이 우리를 사기꾼이라고 생각하기는커녕 존재 자체도 잘
모른다. 따라서 경력을 시작할 때는 그 익명성을 자기 능
력을 갈고닦는 데 이용하자. 그런 뒤 일단 대가가 될 실력
을 쌓으면, 차분하게 자신을 돌아보면서 누구나 똑같은
자기 회의와 파괴적인 내면의 서사를 품곤 한다는 점을
명심하자.

누군가는 이 책을 읽으며 역시 물리학자의 이야기, 그
것도 노벨상을 탈 정도로 뛰어난 물리학자의 이야기라고
말하고 싶을지도 모르겠다. 하지만 나는 세상의 그 어떤
일에도 본연의 창의적인 면이 존재한다고 생각한다. 그런
것은 조금도 보이지 않는다고 생각한다면 그것 또한 한계
를 짓는 믿음이다. 이런 부정적인 자기 서사를 넘어서 성
장하려면 자신에게 적당히 연민을 가져야 한다. 자신을
사기꾼이라고 생각할 사람은 자기뿐이기 때문이다. 동료

교수도, 또래도, 상사도, 거의 모두 같은 증후군을 앓고 있는 이 책의 노벨상 수상자도 전혀 그렇게 생각하지 않는다. 부정적인 감정을 없애버릴 수는 없다. 하지만 그 감정에 사로잡히는 대신 계속 나아가는 자세를 나는 이 책을 쓰며 배웠다. 여러분도 그러기를 바란다.

감사의 말

우선 세상에 알릴 수 있도록 관대하게도 시간과 지혜와 경험을 나누어준 아홉 분에게 감사하고 싶다. 바로 애덤 리스, 배리 배리시, 로저 펜로즈, 칼 위먼, 덩컨 홀데인, 존 매더, 라이너 바이스, 셸던 글래쇼, 프랭크 윌첵이다.

배리 배리시가 2020년 말에 내 삶을 영구히 바꿀 인터뷰를 하러 내 앞에 앉았을 때 이 책의 토대가 마련됐다. 이 위대한 인물, 지금까지 전설로만 알던 사람과 시간을 보내는 일은 내가 평생 보물로 간직할 선물이었다. 배리 배리시를 친구라고 부르고 그에게 이 책의 추천사를 써달라고 요청한 것은 진정으로 초현실적인 일이다. 나는 이루 말할 수 없을 만치 배리에게 고마움을 느낀다.

내 어설픈 생각을 잘 엮어서 보여줄 만한 알찬 성과물로 내놓는 데 도움을 준 요니 포크슨과 멀리사 밀러에게도 감사한다.

편집자이자 청자이자 치료사 역할까지 겸한 제인 보든에게도 고맙다는 인사를 전한다. 거의 포기할 뻔한 일이 한두 번이 아니었는데, 제인 덕분에 계속할 수 있었다. 제인은 완벽한 전문가이며, 인내심과 계획 관리와 성실성 면에서 노벨상을 받아 마땅하다. 앞으로도 계속 이런 새로운 책을 만드는 협업을 함께 할 수 있기를 간절히 바란다.

꿈에 불과했던 이 계획을 현실로 바꾸어놓은 터커 맥스, 메건 매크래컨을 비롯한 스크라이브 미디어 사람들에게도 감사를 전한다. 덕분에 결실을 거둘 때까지 갈등 한 번 없이 즐겁게 작업했다.

스튜어트 볼코우는 이 인터뷰 중 여러 건이 이루어진 장소인 UC 샌디에이고에서「불가능 속으로」팟캐스트를 운영하는 데 중추적인 역할을 하고 있다. 스튜어트의 전문성, 호기심, 세심한 주의력 덕분에 모든 동영상과 음성 인터뷰가 진정한 보물로 변신할 수 있었다!

모든 희망이 사라진 듯했을 때 음성 파일 일부를 복원할 수 있게 도와준 제이 우준 요에도 감사한다.

팟캐스트에서 몇몇 손님의 자료를 조사하고 질문을 준비하는 데 도움을 주고, 노벨상 자체보다 영예를 더 중시하는 수상자도 있다는 점을 알려준 에릭 와인스타인에게도 감사의 말을 전한다.

그리고 늘 그렇듯이 이루 헤아릴 수 없는 방식으로 도와준 아내 세라에게도 고마움을 전한다. 어떻게 보답할지 도무지 떠올릴 수가 없지만, 그래도 계속 시도하련다. 더 나은 질문을 하고 그렇다면 그런 줄 알라는 식으로 대답하지 않도록 자극을 불어넣은 우리 아이들에게도 고맙다고 말하고 싶다.

마지막으로 자기계발서 분야의 지도자상이 있다면 제임스 알투처가 받아야 마땅하다. 제임스는 이 책이 그 어느 때보다도 지금 필요한 지혜의 보고라고 나를 설득하면서 내게 이 책을 쓰도록 격려하고 "스스로 택하라"라고 재촉했다. 제임스는 과학자이자 탐구자다. 이 '창백한 푸른 점'에서 나를 골라서 시간을 내어준 점을 무척 고맙게 생각한다! 언젠가 우리는 찾기 어렵다고 해도 인류에게 『과감한 선택』을 하여 철저한 황폐화를 피할 수 있게 해 줄 '만물의 이론'을 발견할 것이다. 그때까지 나는 당신의 통찰과 지혜와 관대함을 누리면서 더 나은 사람이 되고자 노력하는 데 쓸 것이다.

그림 마크 에드워즈 Mark Edwards

현대 영국 초현실주의의 거장. 1951년 영국에서 태어난 그는 메드웨이 미술대학에서 수학하던 중 배우자를 만나 스코틀랜드의 고원으로 이주했다. 그가 28년간 살았던 호수 옆의 오두막은 처음 10년간 전화는 물론 전기도 들지 않을 정도로 외딴곳이었다. 이 시기에 이 지역의 거친 아름다움과 주민의 고유한 삶을 반영한 풍경화를 그리며 명성을 얻었다.

2007년 마크는 어느 잡지에서 1950년대의 사진 한 장을 발견했다. 유리창에 비친 중절모를 쓰고 품 넓은 코트를 입은 한 사내의 모습이었다. 그때부터 고원의 풍경에 사슴이나 사냥꾼을 담는 대신 중절모를 쓴 익명의 남자를 그리기 시작했다. 그렇게 『하얀 숲The White Wood』 연작이 탄생했고, 이는 이전의 고지대 풍경에서 벗어나 초현실주의로 나아가는 중요한 전환점이 되었다. 그의 화폭에서 중절모를 쓴 인물들은 개성이나 표정을 드러내지 않는다. 간결하고 아름다운 풍경 속에서 어딘가를 바라보거나 걸어가고 있을 뿐, 왜 그곳에 있는지, 어디로 가는지도 알려주지 않는다. 『하얀 숲』 연작의 수수께끼 같은 매력은 영국, 유럽, 아시아, 호주, 북미 전역에서 찬사를 받으며 전 세계적인 명성을 얻었다.

표지   마크 에드워즈, 「개The Dog」(부분), 캔버스에 아크릴물감, 60×60cm, 2015년

본문

48쪽   마크 에드워즈, 「걸어 지나가다Walking Past」, 캔버스에 아크릴물감, 30×40cm, 2016년

80쪽   마크 에드워즈, 「배를 기다리며Waiting for the Boat」, 캔버스에 아크릴물감, 100×140cm, 2016년

106쪽   마크 에드워즈, 「마지막 방문The Last Visit」, 캔버스에 아크릴물감, 80×100cm, 2012년

132쪽   마크 에드워즈, 「여전히 빨간 풍선을 좇는 빨간 목도리Red Scarf Still Following the Red Balloon」, 캔버스에 아크릴물감, 60×60cm, 2022년

154쪽   마크 에드워즈, 「열쇠를 기다리며Waiting for the Key」, 캔버스에 아크릴물감, 70×100cm, 2012년

172쪽　　마크 에드워즈, 「완벽한 하루의 시작The Start of a Perfect Day」, 캔버스에
　　　　아크릴물감, 40×40cm, 2022년

200쪽　　마크 에드워즈, 「사람 셋, 기차 셋Three Men, Three Trains」, 캔버스에 아크릴물감,
　　　　80×160cm, 2016년

228쪽　　마크 에드워즈, 「별을 보는 사람들Star Gazers」, 캔버스에 아크릴물감,
　　　　50×60cm, 2023년

254쪽　　마크 에드워즈, 「까마귀를 세는 사람Man Counting Crows」, 캔버스에 아크릴물감,
　　　　60×80cm, 2008년

이 책에 실린 모든 그림은 아티스트 파트너스 에이전시를 통해 마크 에드워즈의 허가하에 사용되었음
을 밝힙니다.

마크 에드워즈 https://markedwardsart.squarespace.com
라이선스 문의 아티스트 파트너스Artist Partners

거래 갤러리
카토 갤러리Catto Gallery
레드레그 갤러리Red Rag Gallery
길모락 갤러리Kilmorack Gallery

옮긴이 이한음

서울대학교에서 생물학을 공부했고, 전문적인 과학 지식과 인문적 사유가 조화된 번역으로 우리
나라를 대표하는 과학 전문번역가로 인정받고 있다. 케빈 켈리, 리처드 도킨스, 에드워드 윌슨, 리
처드 포티, 제임스 왓슨 등 저명한 과학자의 대표작이 그의 손을 거쳤다. 과학의 현재적 흐름을 발
빠르게 전달하기 위해 과학 전문 저술가로도 활동하고 있으며, 청소년 문학을 쓴 작가이기도 하다.
지은 책으로는 『바스커빌가의 개와 추리 좀 하는 친구들』 『생명의 마법사 유전자』 『청소년을 위한
지구 온난화 논쟁』 등이 있으며, 옮긴 책으로는 『우리는 왜 잠을 자야 할까』 『노화의 종말』 『생명이
란 무엇인가』 『바디: 우리 몸 안내서』 『지구의 짧은 역사』 등이 있다.

물리학자는 두뇌를 믿지 않는다

초판 1쇄 발행 2024년 4월 19일
초판 3쇄 발행 2024년 6월 7일

지은이 브라이언 키팅
옮긴이 이한음
펴낸이 김선식

부사장 김은영
콘텐츠사업본부장 임보윤
기획편집 김한솔　　**책임마케터** 배한진
콘텐츠사업3팀장 이승환　　**콘텐츠사업3팀** 김한솔, 권예진, 이한나
마케팅본부장 권장규　　**마케팅2팀** 이고은, 배한진, 양지환　　**채널2팀** 권오권
미디어홍보본부장 정명찬　　**브랜드관리팀** 안지혜, 오수미, 김은지, 이소영
뉴미디어팀 김민정, 이지은, 홍수경, 서가을, 문윤정, 이예주
크리에이티브팀 임유나, 박지수, 변승주, 김화정, 장세진, 박장미, 박주현
지식교양팀 이수인, 염아라, 석찬미, 김혜원, 백지은
편집관리팀 조세현, 김호주, 백설희　　**저작권팀** 한승빈, 이슬, 윤제희
재무관리팀 하미선, 윤이경, 김재경, 이보람, 임혜정
인사총무팀 강미숙, 지석배, 김혜진, 황종원
제작관리팀 이소현, 김소영, 김진경, 최완규, 이지우, 박예찬
물류관리팀 김형기, 김선민, 주정훈, 김선진, 한유현, 전태연, 양문현, 이민운
외부스태프 디자인 studio forb　　**교정** 김계영

펴낸곳 다산북스　　**출판등록** 2005년 12월 23일 제313-2005-00277호
주소 경기도 파주시 회동길 490　　**전화** 02-704-1724　　**팩스** 02-703-2219
이메일 dasanbooks@dasanbooks.com　　**홈페이지** dasan.group　　**블로그** blog.naver.com/dasan_books

종이 IPP　　**인쇄** 한영문화사　　**코팅·후가공** 평창피앤지　　**제본** 국일문화사

ISBN 979-11-306-5201-6 (03420)

· 파본은 구입하신 서점에서 교환해드립니다.
· 이 책은 저작권법에 의하여 보호를 받는 저작물이므로 무단 전재와 복제를 금합니다.

다산북스(DASANBOOKS)는 독자 여러분의 책에 관한 아이디어와 원고 투고를 기쁜 마음으로 기다리고 있습니다.
책 출간을 원하는 아이디어가 있으신 분은 다산북스 홈페이지 '원고투고'란으로 간단한 개요와 취지, 연락처 등을 보내주세요.
머뭇거리지 말고 문을 두드리세요.